CHEMISCHE TECHNOLOGIE
IN EINZELDARSTELLUNGEN
HERAUSGEBER: PROF. DR. A. BINZ, BERLIN
ALLGEMEINE CHEMISCHE TECHNOLOGIE

PHYSIKALISCH-CHEMISCHE GRUNDLAGEN DER CHEMISCHEN TECHNOLOGIE

VON

DR. GEORG-MARIA SCHWAB

PRIVATDOZENT AN DER UNIVERSITÄT WÜRZBURG

MIT 32 ABBILDUNGEN IM TEXT

Springer-Verlag Berlin Heidelberg GmbH 1927

ISBN 978-3-662-33481-2   ISBN 978-3-662-33879-7 (eBook)
DOI 10.1007/978-3-662-33879-7

Vorwort.

Die stetig anwachsende Durchdringung der chemischen Technik mit physikalisch-chemischen Verfahren und Prinzipien, die gegenwärtig vor sich geht, bedingt die Entstehung einer neuen angewandten Wissenschaft mit eigener Literatur, der physikalisch-chemischen Technologie. Zu dieser Literatur soll der vorliegende Band einen Beitrag darstellen.

Er wendet sich einmal an die Chemiker, die in den Betrieben tätig sind, in denen sich die physikalisch-chemische Orientierung grade vollzieht oder in Zukunft zu erwarten steht, vielfach Chemiker, die in ihren vielleicht lang zurückliegenden Studienjahren von der jungen physikalischen Chemie nicht allzuviel erfahren konnten oder wollten, gemäß der damaligen Einstellung in Forschung und Industrie. Ferner ist an die Studierenden gedacht, deren Ausbildung durch einen Hinweis auf die physikalisch-chemischen Bedingtheiten der Technik vertieft werden soll.

Dafür, daß die wissenschaftliche physikalische Chemie als Leitgedanke und Einteilungsprinzip gewählt wurde, waren folgende Gesichtspunkte maßgebend:

Was der technische Chemiker von einem kleinen Buch über physikalisch-chemische Technologie verlangt, ist nicht die Schilderung technischer Verfahren unter Hinzufügung der oft ganz verschiedenen Gedankenquellen entstammenden physiko-chemischen Grundlagen und Überlegungen, die dazu gehören. Er wird sich sicherlich lieber zusammenhängend über die ihm notwendige physikalische Chemie unterrichten lassen und dabei sehen, was die Technik jeweils mit den behandelten Ergebnissen angefangen hat oder anfangen kann. Auch für den Gebrauch des Studenten gebietet sich diese Darstellungsweise. Sprechen doch die glänzenden Erfahrungen unserer chemischen Industrie wie ihre heutigen Forderungen unbedingt dafür, daß unser Hochschulunterricht gut daran getan hat, auf den Wegen seiner Altmeister die reine Wissenschaft in den Vordergrund zu stellen und sich darauf zu verlassen, daß die Praxis sich schon in der Praxis lernt.

Die Darstellung setzt volle Kenntnis der reinen Chemie und Experimentalphysik voraus, ebenso die der Schulmathematik mit Einschluß der Differential- und Integralrechnung. Diese wird man selbstverständlich heute von jedem fordern müssen, der physikalisch-chemische Dinge einigermaßen ernsthaft treiben und verstehen will.

Herrn Priv.-Doz. Dr. *I. R. Katz* (Amsterdam) bin ich für die freundliche Überlassung der Figg. 19 u. 20, dem Herausgeber Herrn Prof. Dr. *A. Binz* (Berlin) sowie Herrn Prof. Dr. *K. Bennewitz* (Jena) für ihre freundlichen und wertvollen Ratschläge zu lebhaftem Dank verpflichtet.

Würzburg und Berlin, im April 1927.

Inhaltsverzeichnis.

Kapitel I.

Atom und Molekel.

Atombau.

Den Ausgangspunkt für das Atommodell bildete ein Experiment *Lenards*, das auf folgendem beruht. Wenn man an zwei Elektroden in einem hochevakuierten Rohr eine hohe Spannung anlegt, so gehen bekanntlich von der negativen Elektrode zur positiven freie Elementarteile negativer Elektrizitätsmenge, die Elektronen, als sog. Kathodenstrahlen über. *Lenard* wandte nun den Kunstgriff an, die Elektronen durch ein dünnes Aluminiumfenster in die Atmosphäre oder andere Gase austreten zu lassen. Wären nun die Molekeln oder die Atome starre Kugeln, so müßten sie die Elektronen auf ihrem Wege in einem Maße hemmen, das durch ihren aus den Gasgesetzen (s. S. 43) bekannten Querschnitt gegeben ist. Es zeigte sich aber, daß der größte Teil des Atomraumes einfach durchstoßen wird und nur sein Mittelpunkt auf die Elektronen eine vom Atomgewicht abhängige Anziehung ausübt. Da diese Anziehung positive Ladung voraussetzt, das Gesamtatom aber, wie die Gesamtmasse des Gases, elektrisch neutral sein muß, so muß in dem äußeren Raum des Atoms negative Ladung gleicher Größe verteilt sein.

Ganz zu dem gleichen Resultat führten bald darauf die Beobachtungen *Rutherfords*, daß positiv geladene Teilchen (radioaktive α-Strahlen) von dem Atomkern abgestoßen und in dem Außenraum ebenfalls nur wenig abgelenkt werden. Das Atom besteht also aus positiver Ladung, die, stets an die wägbare Masse gebunden, im Zentrum sitzt, und negativer Ladung, die darum herum verteilt ist. Negative Ladung kennen wir nur als Elektron — eben aus Kathodenstrahlbeobachtungen — und müssen daher auch im Außenraum des Atoms Elektronen annehmen. Die Folgerung, daß diese Elektronen ja vom positiven Kern angezogen werden und in ihn hineinfallen müssen, konnte *Rutherford* durch die einfache Annahme umgehen, daß sie um den Kern so rasch umlaufen, daß ihre Zentrifugalkraft der Anziehung die Wage hält, genau wie bei den Planeten im Sonnensystem.

Bei der weiteren Betrachtung dieses von *Rutherford* konzipierten, von *Bohr* in glänzenden Arbeiten präzisierten Atommodells wollen wir nun nicht den mühsamen Weg, den die Forschung gegangen ist, historisch weiter verfolgen, sondern die Grundlage der Theorie gleich in ihrer heutigen Form betrachten.

Der einfachste Fall ist der, daß ein Elektron, von der Ladung e_0 (deren Zahlenwert ein für allemal an Kathodenstrahlen gemessen werden kann) um einen Kern von der Ladung e_k rotiert. Soll das Atom neutral sein, so ist

$$e_k = e_0 \quad \text{(Wasserstoffatom)}.$$

(Da die Ladung e_0 das kleinste Quantum Elektrizität ist, das wir kennen, so darf e_k nie kleiner als e_0 sein; wenn e_k größer als e_0 ist, so muß es ein ganzes Vielfaches davon sein. Dann haben wir kein neutrales Atom vor uns, sondern ein geladenes Ion, wie es uns etwa bei der Elektrolyse entgegentritt.) Unser System besitzt nun, genau wie ein schwingendes Pendel, potentielle und kinetische Energie. Die potentielle ist die Arbeit, die ich leisten muß, um das Elektron aus dem Unendlichen an den Kern auf den Abstand a (Atomradius) heranzubringen, also, da Arbeit = Kraft · Weg ist und das Anziehungsgesetz der Elektrostatik gelten soll:

$$U_{\text{pot}} = \int\limits_{r=\infty}^{r=a} \frac{e_k \cdot e_0}{r^2} \cdot dr = \frac{e_k \cdot e_0}{\infty} - \frac{e_k \cdot e_0}{a} = -\frac{e_k\, e_0}{a}.$$

Die aufgewandte Arbeit ist negativ, da das Elektron ja in den Kern hineingezogen wird, also dabei Arbeit leisten kann.

Um die kinetische Energie des Systems Kern — Elektron zu berechnen, machen wir von der Forderung Gebrauch, daß die Anziehungskraft entgegengesetzt gleich der Zentrifugalkraft sein soll. Die erste ist $\dfrac{e_k \cdot e_0}{a^2}$, die zweite nach Gesetzen der elementaren Mechanik $\dfrac{m'\,v^2}{a}$, wo m' die Masse des Elektrons, v seine Bahngeschwindigkeit ist. Also:

$$\frac{m'\,v^2}{a} = \frac{e_k \cdot e_0}{a^2} \qquad \text{oder} \qquad m'\,v^2 = \frac{e_k \cdot e_0}{a},$$

die kinetische Energie $\dfrac{m'\,v^2}{2}$ wird demnach

$$U_{\text{kin}} = \frac{e_k \cdot e_0}{2\,a}$$

und die Gesamtenergie

$$U = U_{\text{kin}} + U_{\text{pot}} = \frac{e_k \cdot e_0}{2\,a} - \frac{e_k\, e_0}{a} = -\frac{e_k \cdot e_0}{2\,a}.$$

(Das paradoxe Resultat einer negativen Gesamtenergie besagt nur, daß die Energie im Abstand a um $\dfrac{e_k \cdot e_0}{2\,a}$ kleiner ist als im Abstand ∞, in den ich das Elektron „heben" müßte und dessen Energie wir willkürlich gleich Null gesetzt haben).

Dieses sind die Bedingungen, unter denen das System mechanisch stabil ist. Die Lehre von der bewegten Elektrizität erhebt aber sofort einen Einwand: Da die Zentralbewegung aus einer gleichförmigen Tangentialbewegung und einer Fallbewegung nach dem Kern zusammengesetzt gedacht werden kann, haben wir es mit einem relativ zum Kern in wechselnder Richtung beschleunigten Elektron zu tun. Ein so beschleunigtes Elektron ist aber vergleichbar mit einem elektrischen Strom wechselnder Stärke und muß in seiner Umgebung elektrische und magnetische Felder induzieren, d. h. es muß Energie ausstrahlen, etwa als Licht. Dabei wird U ständig kleiner und wegen des negativen Vorzeichens auch a ständig kleiner, d. h. das Elektron fällt doch in den Kern. Da nun aber die Atome für gewöhnlich nicht strahlen und stabil sind, müssen wir offenbar noch eine besondere Hypothese einführen, um die Stabilität gewisser Bahnen zu „entschuldigen". Eine solche Hypothese besitzen wir in der von *Planck* geschaffenen Quantentheorie, die, auf unseren Fall angewandt, etwa lautet: Energie kann nur in einzelnen bestimmten Mengen vom Atom ausgestrahlt werden. Während der Aus-

strahlung nähert sich das Elektron dem Kern, wie oben angedeutet. Wenn es aber die vorgeschriebene Energiemenge ausgestrahlt hat, hört es auf zu strahlen und demgemäß auch zu fallen. Die Bahn, in der es jetzt umläuft, ist also stabil. Eine Strahlung findet demnach nicht fortwährend statt, sondern nur bei dem Übergang von einer stabilen Bahn zur nächsten, wobei jedesmal ein Energiequant ausgestrahlt wird. Dieses Quant hat die Größe $h \cdot \nu$, wo ν die Schwingungszahl pro Sekunde

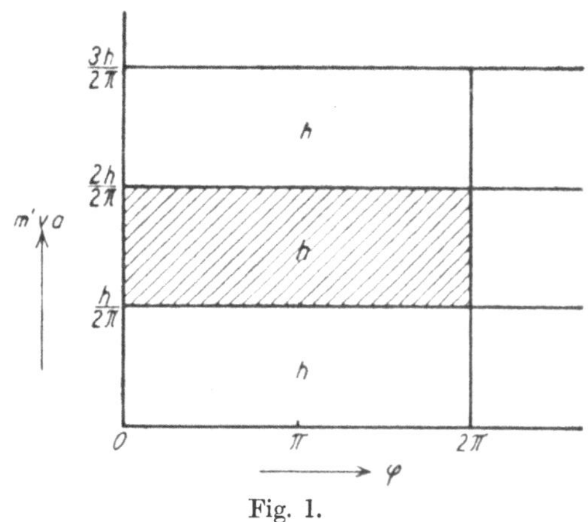

Fig. 1.

der gestrahlten Lichtart ist. h ist eine für alle Strahlungsvorgänge konstante Zahl. Ihre Dimension, die man aus den Beziehungen $U_{\text{Strahlung}} = h\nu$ und

$$\nu = \frac{c}{\lambda}$$ leicht ableitet, ist [Masse $\cdot$ Geschwindigkeit $\cdot$ Länge].

Um nun zu unserer mechanischen die quantentheoretische Stabilitätsbedingung hinzuzufügen, wollen wir an dem Atom das ausführen, was man „Quantelung des Rotators" nennt. Der Zustand des rotierenden Elektrons ist in jedem Augenblick bestimmt durch Masse m', Geschwindigkeit v, Kernabstand a und den Winkel φ, um den sich der Radiusvektor von einer gegebenen Anfangslage entfernt hat. Wir wollen diese Größen so in ein Koordinatensystem eintragen, daß φ Abszisse und die Größe $m'va$ (das Impulsmoment) Ordinate ist (Fig. 1). Die Geschichte des Elektrons während eines Umlaufs in einer mechanisch stabilen Bahn wird in diesem Netz dargestellt durch eine Parallele zur Abszissenachse, da a und v sich während einer Kreisbewegung nicht ändern und m' ohnedies konstant ist. Eine solche Gerade, die die Länge $\varphi = 2\pi$ für einen Umlauf hat, bezeichnet man als „Phasenbahn", die Größe $m'va$ bekanntlich als Impulsmoment. Klassisch-mechanisch sind unendlich viele solcher paralleler Phasenbahnen möglich.

1*

Die Quantentheorie verlangt aber, daß Größen der Dimension [Masse · Geschwindigkeit · Länge] bei einem Umlauf nur in ganzen Vielfachen von h vorkommen dürfen. Eine solche Größe ist für einen Umlauf das von den Ordinaten $\varphi = 0$ und $\varphi = 2\pi$ sowie der Phasenbahn eingeschlossene Flächenstück, da φ im Bogenmaß dimensionslos ist. Anders ausgedrückt: Die Differenz der Größen $m' \cdot v \cdot a \cdot 2\pi$ für zwei stabile Umlaufsbahnen oder das Flächenstück zwischen zwei Phasenbahnen (z. B. das schraffierte Stück in Fig. 1) soll den Wert h oder eines Vielfachen von h haben. Wir erhalten so

$$m' \cdot v \cdot a = \frac{n \cdot h}{2\pi},$$

wo n jede positive ganze Zahl sein kann.

Für die Zentrifugalkraft bekommen wir nunmehr:

$$\frac{e_k e_0}{a^2} = \frac{m' v^2}{a} = \frac{n h}{2\pi} \cdot \frac{v}{a^2}$$

und für die Geschwindigkeit des Elektrons

$$v = \frac{2\pi e_k e_0}{n h}.$$

Der Kernabstand a wird nun

$$a = \frac{e_k e_0}{m' v^2} = \frac{e_k e_0 n^2 h^2}{m' \cdot 4\pi^2 e_k^2 e_0^2} = \frac{n^2 h^2}{4\pi^2 m' e_k e_0}.$$

Für die Gesamtenergie gilt:

$$U = -\frac{e_k e_0}{2a} = -\frac{2\pi^2 m' e_k^2 e_0^2}{n^2 h^2}.$$

Damit ist eine Reihe diskreter Bahnen, entsprechend den ganzen Zahlen n, als sowohl mechanisch wie quantentheoretisch stabil ausgezeichnet. n bezeichnen wir als „Quantenzahl" einer solchen Bahn.

Wenden wir uns nach diesen theoretischen Erörterungen den tatsächlichen Verhältnissen zu! Ein System wie das behandelte haben wir in dem Wasserstoffatom vor uns. Hier ist $e_k = e_0$ gleich der Elektronenladung ($4{,}774 \cdot 10^{-10}$ abs. Einh.). m', die Masse des Elektrons, beträgt $8{,}996 \cdot 10^{-28}$ g; h, die universelle *Planck*sche Konstante, $6{,}53 \cdot 10^{-27}$ erg · sec. Durch Einsetzen erhalten wir die Geschwindigkeit des Elektrons

$$v = 2{,}19 \cdot 10^{-10} \text{ cm/sec},$$

das ist etwa 7 Proz. der Lichtgeschwindigkeit. (Dieser Umstand, daß Geschwindigkeiten auftreten, die der Lichtgeschwindigkeit kommensurabel sind, hat übrigens die Einführung der Relativitätstheorie in die Atomistik notwendig gemacht.) Der Abstand Elektron—Kern auf der ersten Quantenbahn ($n = 1$), die als die des Normalzustandes anzusehen ist, beträgt

$$a = 0{,}532 \cdot 10^{-8} \text{ cm},$$

ein Wert, der sehr nahe dem Radius des Wasserstoffatoms gleich ist, der sich nach S. 43 aus dem Verhalten gasförmigen und flüssigen Wasserstoffs ergibt. Mehrquantige Bahnen haben Radien, die mit dem Quadrat der Quantenzahl steigen, wie die obige Gleichung für a unmittelbar zeigt.

Die Quantentheorie fordert nun, daß Strahlung eintritt, wenn das Elektron von einer Quantenbahn in eine andere fällt; da Energie nicht verlorengehen kann, muß die Energie der Strahlung gleich der Differenz der Gesamtenergien des Elektrons in beiden Bahnen sein. Wir sagten schon, daß diese Energie gleich $h \cdot \nu$ (bzw. ganzen Vielfachen von $h \cdot \nu$) ist. Dieser Satz läßt sich einfach aus dem Impulspostulat ableiten, wenn wir neben das Atom einen schwingungsfähigen „Äther" stellen, der die Energie des fallenden Elektrons quantenhaft aufnimmt. Ein „Ätherteilchen" soll dabei in elastische Schwingungen auf einer geraden Linie geraten. Für einen solchen „Oszillator" haben wir eine andere Quantelung anzuwenden als oben für den „Rotator".

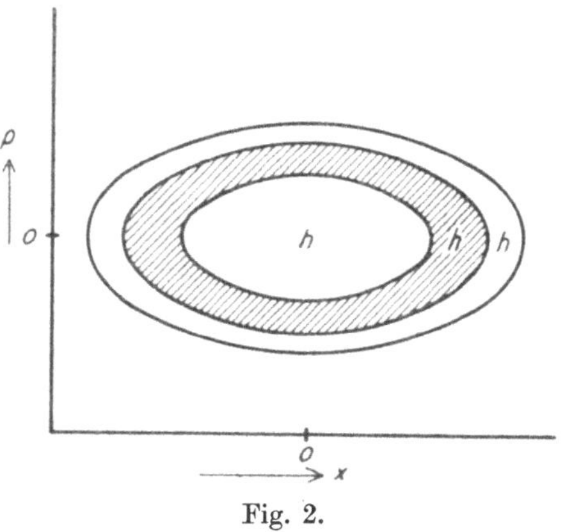

Fig. 2.

Wie z. B. aus der Theorie des Wechselstroms bekannt sein dürfte, gilt für die Elongation einer harmonischen Schwingung von der Amplitude a und Frequenz ν

$$x = a \cdot \sin 2\,\pi\,\nu\,t\,.$$

Der Impuls (Masse · Geschwindigkeit) wird daher:

$$p = m \cdot \frac{dx}{dt} = 2\,\pi\,\nu\,m\,a \cdot \cos 2\,\pi\,\nu\,t\,.$$

Zeichnen wir wieder (Fig. 2) Phasenbahnen mit x als Abszisse und p als Ordinate, so erhalten wir für eine Hin- und Herschwingung eine geschlossene Ellipse, da

$$\sin^2 2\,\pi\,\nu\,t + \cos^2 2\,\pi\,\nu\,t = \frac{x^2}{a^2} + \frac{p^2}{4\,\pi^2\,\nu^2\,m^2\,a^2} = 1$$

ist (Gleichung der Ellipse). Der Flächeninhalt einer solchen Ellipse ist die für eine Schwingung charakteristische Größe der Dimension [Masse · Geschwindigkeit · Länge] und soll daher im Sinne der Quantentheorie $n \cdot h$ sein. So erhalten wir:

$$\pi \cdot a \cdot 2\,\pi\,\nu\,m\,a = 2\,\pi^2\,\nu\,m\,a^2 = n \cdot h\,.$$

Nun ist die Gesamtenergie des Oszillators konstant (Energieprinzip). In der Ruhelage ($t = 0$), wo $U_{\text{pot}} = 0$, ist daher $U_{\text{osz}} = U_{\text{kin}}$:

$$U_{\text{kin}} = \frac{m}{2}\left(\frac{dx}{dt}\right)^2 = \frac{m}{2}\,4\,\pi^2\,\nu^2\,a^2 = 2\,m\,\pi^2\,\nu^2\,a^2\,.$$

Aus den beiden letzten Gleichungen folgt unser Satz:

$$U_{\text{osz}} = n\,h\,\nu\,,$$

oder, wenn wir hier nur die erste Phasenbahn zulassen:

$$U_{\text{osz}} = h\,\nu\,.$$

Diese Energie soll ausgestrahlt werden, wenn ein Atomelektron von einer Quantenbahn in eine andere springt, und soll gleich der Differenz seiner Energie in beiden Bahnen sein. Wir haben also jetzt ein Mittel, ausgestrahlte ν, d. h. die Schwingungszahlen und Wellenlängen von Spektrallinien theoretisch zu berechnen. Es ist nämlich:

$$U_{\text{osz}} = U_1 - U_2 = -\frac{2\,\pi^2\,m'\,e_k^2\,e_0^2}{n_1^2\,h^2} + \frac{2\,\pi^2\,m'\,e_k^2\,e_0^2}{n_2^2\,h^2},$$

$$U_{\text{osz}} = \frac{2\,\pi^2\,m'\,e_k^2\,e_0^2}{h^2}\left(\frac{1}{n_2^2} - \frac{1}{n_1^2}\right)$$

und

$$\nu = \frac{2\,\pi^2\,m'\,e_k^2\,e_0^2}{h^3}\left(\frac{1}{n_2^2} - \frac{1}{n_1^2}\right).$$

In dieser Gleichung liegt nun die glänzendste experimentelle „Bestätigung" der *Bohr*schen Atomtheorie. Lange vor deren Entstehen hat nämlich *Balmer* empirisch gefunden, daß die Schwingungszahlen der Spektrallinien des Wasserstoffs im Geißlerrohr (atomaren Wasserstoffs) sich wiedergeben lassen durch

$$\nu = K\left(\frac{1}{n_2^2} - \frac{1}{n_1^2}\right),$$

wo n_1 und n_2 kleine ganze Zahlen sind. Wir können sie nunmehr deuten als die Quantenzahlen der Bahnen, zwischen denen gestrahlt wurde. Was aber schlagend erscheint: Für die Konstante K, die „*Rydberg*-Konstante", ergibt der Ausdruck vor der Klammer in unserer theoretischen Formel einen Wert, der mit dem experimentellen bis auf Promille identisch ist!

Die neuere Entwicklung der Atomdynamik hat freilich den Wert solcher „Bestätigungen" zweifelhaft gemacht. Man kam nämlich bei genauerem Studium der Atome und des Lichts auf Erscheinungen, die mit dem skizzierten *Bohr*schen Bilde des Strahlungsvorganges in krassem Widerspruch standen. Es scheint gelungen zu sein, eine mathematische Darstellung zu finden, die diesen Widerspruch beseitigt. Leider verzichtet sie völlig, im Gegensatz zu der Theorie der stabilen Bahnen, auf sinnliche Anschaulichkeit, so daß wir von ihrer Betrachtung absehen müssen. Alles das aber, was die *Bohr*sche Theorie so genau quantitativ liefert, liefert diese neue Anschauung auch. Sie stellt sich als ein allgemeiner Rechenmechanismus dar, von dem die skizzierten Anschauungen nur einen, aber nicht den möglichen Spezialfall bilden. Die *Rydberg*-Konstante nämlich und das Wasserstoffspektrum u. a. erhält man lediglich aus der Annahme der universellen Konstanten h und ganzzahliger Quantenzahlen auch dann, wenn man ganz auf das Bild der kreisenden Elektronen verzichtet und sich mit gewissen mathematischen Formulierungen begnügt. Da das besagte Bild eben auf anderen Gebieten zu Widersprüchen führt, können wir es nicht mehr als eine feststehende Erkenntnis des Atombaus ansehen.

Einen erheblichen Wahrheitsgehalt dürfte es aber dennoch besitzen, und zwar allem Anschein nach gerade, wo es sich um die chemischen Auswirkungen des Atombaus handelt. Wenigstens hat es sich auf diesem Gebiet bisher noch als widerspruchsfreier Wegweiser bewähren können. Früher oder später wird es natürlich der Physik obliegen, ihre neueren Anschauungen bzw. Methoden auch auf die Chemie zu spezialisieren. Vorläufig aber dürfen wir das chemische Geschehen wohl ungeachtet ihrer zu weit getriebenen Spezialisierung noch mit Hilfe der *Bohr*schen Modelle und auf dem alten Boden betrachten.

Da wir aber hierbei bald zu Systemen übergehen müssen, die mehr als ein umlaufendes Elektron besitzen, haben wir von vornherein meist viel kompliziertere Verhältnisse zu erwarten als beim Wasserstoff. Die Elektronen müssen sich ja gegenseitig beeinflussen. Bisher haben wir stillschweigend die Elektronenbahn als Kreisbahn aufgefaßt. Im allgemeinen Falle haben wir jedoch die Möglichkeit elliptischer *Kepler*-Bahnen zu berücksichtigen. Zu diesem Zweck quanteln wir das Atom einmal hinsichtlich des Umlaufs als Rotator wie bisher, zweitens aber als Oszillator, indem wir die wechselnde Länge der Linie Kern—Elektron als lineare Schwingung auffassen. Man sieht, daß wir so zu zwei Quantenzahlen gelangen, deren zweite die Exzentrizität der Ellipse bestimmt. Für das Wasserstoffatom war diese Feinheit unnötig, da hier die Ellipsen die gleiche Energie besitzen wie ein Kreis von gleicher „Haupt- (erster) Quantenzahl", und daher zu den gleichen Spektrallinien führen. In komplizierteren Atomen mit gegenseitigen „Störungen" der Elektronen dagegen besitzen die Ellipsenbahnen etwas verschiedene Energieinhalte, je nach der „Nebenquantenzahl". Hierdurch kommt eine Aufspaltung der *Balmer*schen Linien in Dubletts, Tripletts usw. zustande. Überdies bekommen hier die ganzen Ellipsen ihrerseits eine Drehung um den Kern, so daß das Bild, je weiter wir vordringen, umso komplizierter wird. Es hieße allzusehr von unserem technologischen Leitgedanken abschweifen, wollten wir hier noch auf Einzelheiten eingehen. Wir können nur kurz einige führende Gedanken dieser Forschungen andeuten und qualitativ die Hauptergebnisse betrachten, zu denen sie bis heute geführt haben, immer vorbehaltlich der über die Allgemeingültigkeit der Bilder gemachten Einschränkungen.

Ungeheuer fruchtbar hat sich das *L. Meyer-Mendelejeff*sche periodische System der Elemente erwiesen, das wir, trotzdem wir seine Bekanntschaft voraussetzen, hier wiedergeben. Der Wasserstoff nimmt darin eine Sonderstellung ein. Die erste Zeile beginnt mit dem chemisch indifferenten Helium, dann folgt das Alkalimetall Lithium. Alkalimetalle sind positiv einwertig, d. h. sie können ein einfach positiv geladenes Ion bilden. Wir haben das so zu deuten, daß sie aus dem neutralen Atom eine negative Ladung, also ein Elektron, abgeben können. Ein Elektron muß also im Lithium vorhanden sein, das eine Sonderstellung einnimmt, im Beryllium und den anderen zweiwertigen Erdalkalien haben wir analog deren zwei anzunehmen, im Bor, Aluminium usw. (3 Spalte) drei chemisch wirksame, abgebbare Elektronen. Beim Kohlenstoff kennen wir seine Vierwertigkeit ohne ausgesprochenen elektrischen Charakter aus der organischen Chemie. Er wird also ebenso leicht vier Elektronen abgeben können wie deren vier aufnehmen. Tut er

Periodisches System der Elemente.

	0	I	II	III	IV	V	VI	VII	VIII
0								1 H 1,008	
I	2 He 4,00	3 Li 6,94	4 Be 9,1	5 B 10,8	6 C 12,00	7 N 14,01	8 O 16,00	9 F 19,0	
II	10 Ne 20,2	11 Na 23,00	12 Mg 24,32	13 Al 27,1	14 Si 28,3	15 P 31,04	16 S 32,06	17 Cl 35,46	
III	18 A 39,88	19 K 39,10 29 Cu 63,57	20 Ca 40,07 30 Zn 65,37	21 Sc 44,1 31 Ga 69,9	22 Ti 48,1 32 Ge 72,5	23 V 51,0 33 As 74,96	24 Cr 52,0 34 Se 79,2	25 Mn 54,93 35 Br 79,92	26 Fe 27 Co 28 Ni 55,84 58,97 58,68
IV	36 Kr 82,92	37 Rb 85,45 47 Ag 107,88	38 Sr 87,63 48 Cd 112,40	39 Y 88,7 49 In 114,8	40 Zr 90,6 50 Sn 118,7	41 Nb 93,5 51 Sb 120,2	42 Mo 96,0 52 Te 127,5	43 Ma 53 J 126,92	44 Ru 45 Rh 46 Pd 101,7 102,9 106,7
V	54 X 130,2	55 Cs 132,81 79 Au 197,2	56 Ba 137,37 80 Hg 200,6	57—71 Seltene Erden 139—175 81 Tl 204,0	72 Hf 178 82 Pb 207,2	73 Ta 181,5 83 Bi 208,0	74 W 184,0 84 Po 210,0	75 Re 85 ?	76 Os 77 Jr 78 Pt 190,9 193,1 195,2
VI	86 Em 222,0	87 ?	88 Ra 226,0	89 Ac 227	90 Th 232,15	91 Pa 230	92 U 238,2		

das letzte, so beträgt offenbar die Zahl der chemisch wirksamen Elektronen acht. Dann folgen Elemente, die vorwiegend negativen Charakter haben, also leicht Elektronen aufnehmen, und zwar entsprechend den Wertigkeiten der Stickstoff drei, Sauerstoff zwei, Fluor eins. In allen diesen Fällen ergänzt sich die Zahl der chemischen Elektronen zu acht. Beim Neon ist dann die Zahl acht voll, es tritt chemische Indifferenz ein (Edelgas), und beim Natrium beginnt das Spiel von neuem. Alles dies läßt sich ohne *Bohr*sche Theorie aus dem periodischen System ablesen.

Aufgabe der Atomtheorie ist nun, aus diesen Tatsachen mit Hilfe der bekannten Spektren der Elemente Rückschlüsse auf den Bau des Atoms, d. h. die Lage der Elektronenbahnen zu ziehen. Was den Weg hierzu anlangt, so müssen wir kurz eines wichtigen und fruchtbaren Prinzips Erwähnung tun, des sog. „Korrespondenzprinzips".

Führen wir in die Geschwindigkeitsgleichung

$$v = \frac{2\,\pi\,e_k\,e_0}{n \cdot h}$$

die Umlaufzahl des Elektrons

$$\omega = \frac{v}{2\,\pi\,a}$$

ein, so folgt:

$$\omega = \frac{e_k\,e_0}{n \cdot h \cdot a}$$

oder nach Einsetzen des Wertes für a:

$$\omega = \frac{4\,\pi^2\,m'\,e_k^2\,e_0^2}{n^3\,h^3} = \frac{2\,K}{n^3}.$$

Betrachten wir nun die Strahlung, die beim Übergang zwischen zwei benachbarten stabilen Bahnen mit großer Quantenzahl (kernfernen Bahnen) emittiert wird, wo nahezu

$$n_1 = n_2$$

ist, so folgt:

$$\nu = K\left(\frac{1}{n_2^2} - \frac{1}{n_1^2}\right) = K\left(\frac{n_1^2 - n_2^2}{n_1^2\,n_2^2}\right) = K\left\{\frac{(n_1 + n_2)\,(n_1 - n_2)}{n_1^2\,n_2^2}\right\}$$

oder nahezu (da $n_1 \simeq n_2 \gg 1$):

$$\nu \simeq \frac{2\,K}{n_1^3} \simeq \omega.$$

Das bedeutet, daß bei großen Quantenzahlen Umlaufszahl des Elektrons und Schwingungszahl der Strahlung gleich werden. Diese Gleichheit ist aber der Ausdruck der klassischen Elektrodynamik, die wir für das Atom ja nicht brauchen konnten. Hier geht also die Quantentheorie in die klassische Elektrodynamik als Grenzfall über. *Bohr* nimmt nun versuchsweise eine gewisse Verallgemeinerung dieses Satzes für jeden Quantensprung an. Er zerlegt jede kompliziertere Elektronenbewegung in eine Reihe von harmonischen Schwingungen, nämlich den Grundton und eine Reihe von Obertönen, die durch die auf S. 7 besprochenen „Störungen" auftreten. Es sollen nun Übergänge zwischen zwei Quantenbahnen nur dann möglich sein, wenn eine der Bahnen eine Schwingungskomponente enthält, deren Schwingungs-zahl zu derjenigen der dem Übergang entsprechenden Welle ($U_1 - U_2 = h\nu$) in ganzzahligem Verhältnis steht, mit ihr „korrespondiert", andernfalls nicht. Dieses der Quantentheorie zunächst ganz fremde Prinzip hat sich in der Folge sehr fruchtbar erwiesen. Man beobachtet spektroskopisch in der Tat, daß nicht alle denkbaren Übergänge (Linien) vorkommen, sondern solche Spektral-linien, die obige Bedingung nicht erfüllen, ausbleiben. Man kann nun weiter zeigen, daß dies diejenigen sind, bei denen sich die Nebenquantenzahl um mehr als eine Einheit ändert. Es ist klar, daß so das Korrespondenzprinzip im Ver-ein mit der Spektralbeobachtung Aussagen gestattet über die Nebenquanten-zahlen der Elektronenbahnen in den Atomen. Über die Hauptquantenzahl der Außenelektronen gibt die Zeilennummer im periodischen System Auf-

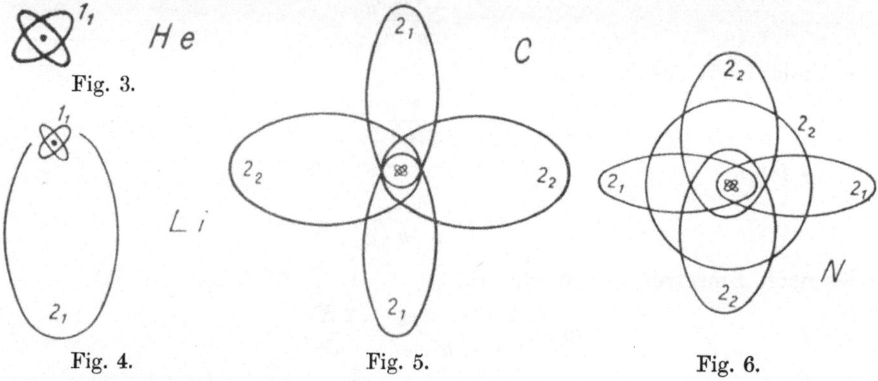

Fig. 3.   Fig. 4.   Fig. 5.   Fig. 6.

schluß. Durch solche Schlüsse gelangt man zu folgenden wahrscheinlichen Atomstrukturen[1]:

Im Heliumatom haben wir zwei einquantige Kreisbahnen, die gegenein-ander geneigt sind (Fig. 3).

Diese Konfiguration ist besonders stabil (Edelgas!); sie kehrt in allen weiteren Elementen im Innern wieder.

Das Lithium besitzt außerdem eine zweiquantige Bahn der Nebenquanten-zahl 1, eine 2_1-Bahn, die stark elliptisch ist und das abspaltbare „Valenz-elektron" führt (Fig. 4).

Beryllium hat zwei 2_1-Bahnen, Bor außerdem eine, Kohlenstoff zwei 2_2-Bahnen, wobei die großen Achsen oder Normalen aller 2er-Bahnen wohl nach den Ecken eines Tetraeders gerichtet sind (Fig. 5).

Stickstoff (Fig. 6) hat noch ein weiteres 2_2-Elektron.

Hier existiert kein besonders herausragendes Valenzelektron mehr, es besteht vielmehr das Bestreben, noch Elektronen in 2_2-Bahnen aufzunehmen,

---

[1] Es sei bemerkt, daß die Fig. 3 bis 6 lediglich schematische Veranschaulichungen sein sollen, ohne quantitative oder gar räumliche Ähnlichkeit.

entsprechend der negativen Wertigkeit der folgenden Elemente, bis sechs 2_2-Elektronen gebunden sind und daher die zweiquantige Schale acht Elektronen enthält.

Eine solche Achterschale ist wieder besonders stabil und gehört einem chemisch indifferenten Edelgas, dem Neon, an.

Das nächste Elektron ist, in einer elliptischen 3_1-Bahn umlaufend, das Valenzelektron des Natriums usw.

Natürlich nehmen mit der Elektronenzahl jeweils von Atom zu Atom auch die positiven Kernladungen in gleichem Maße zu, so daß die Gesamtatome neutral sind. Nach den schwereren Atomen zu werden die Verhältnisse komplizierter, es bilden sich als zweitäußerste stabile Schalen Achtzehnerschalen aus (Kr, Xe), die aus sechs 3_1- (4_1-), sechs 3_2- (4_2-), sechs 3_3- (4_3-) Bahnen bestehen. Die drittäußerste Schale der Emanation besteht sogar aus je acht Elektronen 4_1, 4_2, 4_3, 4_4, also zweiunddreißig. Zwischendurch ist nämlich manchmal über einige Elemente hinweg die Elektronenzahl der äußersten Schale konstant, und es bildet sich die vorletzte Schale weiter aus (Fe, Ni, Co — Platinmetalle — seltene Erden).

Man sieht, wie alle Eigentümlichkeiten des periodischen Systems so ihren atomtheoretischen Ausdruck finden. Freilich ist, zumal bei den schwereren Atomen, von einer quantitativen Kenntnis der Verhältnisse, etwa im Sinne einer Berechenbarkeit der optischen Spektren, noch keine Rede. Ein großer Teil des grundlegenden Materials ist nämlich nicht den komplizierten optischen, sondern den viel einfacher deutbaren Röntgenspektren entnommen, ein anderer Teil wieder nur qualitativ aus den chemischen Tatsachen erschlossen.

Kernbau und Radioaktivität.

Über den Kern der Atome haben wir bisher nur gesagt, daß er Träger der positiven Ladung und der wägbaren Materie ist. Man weiß jedoch bereits einiges über seine Struktur. Wenn man nämlich, wie *Rutherford* getan hat, leichte Atome, etwa Stickstoff, mit α-Teilchen bestrahlt, „bombardiert", so kann man nachweisen, daß von einigen der Stickstoffatome Wasserstoffkerne ausgehen. Diese müssen also Bestandteile des Stickstoffkerns gewesen sein. Diese Erscheinung geben alle leichteren Atome, am schwächsten diejenigen, deren Atomgewicht ein ganzes Vielfaches von 4 ist. Die Zahl 4 ist nun aber das Atomgewicht des Heliums, und wir haben Grund anzunehmen, daß der Heliumkern ein weiterer Bestandteil der Atomkerne ist, um so mehr als ja die α-Strahlen der radioaktiven Elemente aus Heliumkernen bestehen.

Da nun die positive Ladung des Wasserstoffkerns, wie wir sahen, gleich der negativen eines Elektrons, die des Heliums gleich der zweier Elektronen ist, könnte man aus dem Atomgewicht jedes Elements durch Kombination von Helium- und Wasserstoffkernen seine Kernladung und damit die Zahl der Elektronen berechnen. Die so erhaltenen Zahlen stimmen auch mit den Elektronenzahlen, die man nach den besprochenen Methoden ja kennt, leidlich überein, werden jedoch mit steigendem Atomgewicht immermehr zu hoch. Man muß dann, da ja das Gesamtatom tatsächlich neutral ist, annehmen, daß die Elektronen, die in den Quantenbahnen nicht unterzubringen sind, auch noch als dritter Baustein im Kern sitzen.

Über die Kräfte, die diese Bestandteile im Kern zusammenhalten, ist noch tiefes Dunkel gebreitet. Die positiv geladenen Bestandteile müßten sich ja eigentlich gegenseitig elektrostatisch abstoßen und so den Kern zur Auflösung bringen. Es ist ganz klar, daß in einem Gebilde, wo diese Ladungen im Gegenteil einander so ungeheuer (die Kerndurchmesser betragen etwa 10^{-13} cm) genähert sind, ganz gewaltige potentielle Energien aufgespeichert sein müssen. Ein Freiwerden dieser Energiemengen in bescheidenem Umfange, d. h. bei einer geringen Anzahl von Atomen, beobachten wir im Zerfall der radioaktiven Elemente.

Nach *Marckwald* wird ja beim Zerfall von 1 g Radium dieselbe Energiemenge frei, wie bei der Verbrennung von 500 kg Kohle. Dabei handelt es sich hier noch nicht um einen völligen Zerfall, sondern nur um die Abspaltung eines Heliumkerns. Es wird uns jetzt verständlich, warum sich die Augen in unserem kohlenfressenden Zeitalter so gern auf diesen gewaltigen Vorrat an Energie richten. Noch ist es uns aber nicht vergönnt, ihn nach Belieben anzuzapfen, sondern wir müssen uns mit dem begnügen, was uns gewisse radioaktive Elemente nach den Gesetzen ihres freiwilligen Zerfalls an Energie liefern. Dieser Zerfall ist nämlich die einzige chemische Reaktion, an deren Ablauf wir durch keine Erwärmung oder Abkühlung, keinen Katalysator und kein Lösungsmittel etwas ändern können. Die radioaktiven Präparate verrichten ihre Arbeit selbsttätig, und der chemischen Technik bleibt es nur vorbehalten, sie aus den natürlichen Mineralien, in denen sie ungeheuer verdünnt sind, in konzentrierter Form darzustellen, um sie dem Mediziner in die Hand zu geben. Die Abscheidungsverfahren dabei richten sich nach den gesetzmäßigen Änderungen des chemischen Verhaltens in den radioaktiven Zerfallsreihen, die Analysenverfahren nach den physikalischen Eigenschaften.

Radiumgewinnung.

Betrachten wir die technische Abscheidung des Radiums aus der Pechblende und die dabei in Frage kommenden Gesetzmäßigkeiten. Uran, die Muttersubstanz der Radiumfamilie, ist in diesem Mineral als Gemenge zweier Oxyde enthalten — welcher, ist gleichgültig, da der Atomzerfall vom Verbindungszustand vollständig unabhängig ist.

Das vorhandene Radium ist ein Zerfallsprodukt dieses Urans. Es entsteht über verschiedene Zwischenprodukte (UX_1, UX_2, UII, Jo, Ra) aus dem Uran. Die Geschwindigkeit des Zerfalls der Uranatome ist dabei nur abhängig von der Wahrscheinlichkeit, mit der irgendein Uranatom zerfallen wird, und von der Anzahl der vorhandenen Atome, also

$$-\frac{d\mathrm{U}}{dt} = k \cdot \mathrm{U}$$

oder umgeformt:

$$-\frac{d\,\mathrm{U}}{\mathrm{U}} = k \cdot dt,$$

$$d\ln\mathrm{U} = -k \cdot dt;$$

integriert: $\qquad \ln\mathrm{U} = -k \cdot t + \mathrm{Const}.$

Da zur Zeit $t = 0$ $\mathrm{U_0}$-Atome vorhanden sein sollen:

$$\mathrm{Const.} = \ln\mathrm{U_0},$$

$$\ln\frac{\mathrm{U}}{\mathrm{U_0}} = -kt$$

oder $\qquad\qquad\qquad \dfrac{\mathrm{U}}{\mathrm{U_0}} = e^{-kt}.$

Die Konstante k ist dabei für jedes radioaktive Element charakteristisch und wird Zerfallskonstante genannt. Berechnen wir die Zeit, nach der das Uran zur Hälfte zerfallen ist, so erhalten wir:

$$\frac{\mathrm{U}}{\mathrm{U_0}} = \frac{1}{2} = e^{-kt},$$

$$\ln\frac{1}{2} = -kt.$$

$$\ln 2 = kt,$$

$$t = \frac{\ln 2}{k}.$$

Diese Zeit, die „Halbwertszeit", ist natürlich ebenfalls für jedes Element charakteristisch und noch gebräuchlicher als die Zerfallskonstante.

In der Pechblende, die seit Jahrmillionen im Boden liegt, hat sich in dieser Zeit ein „radioaktives Gleichgewicht" eingestellt, d. h. von jedem Glied der Zerfallsfamilie zerfällt in der Zeiteinheit ebensoviel, wie neu gebildet wird. So gilt z. B. für $\mathrm{UX_1}$:

$$-\frac{d\,\mathrm{UX_1}}{dt} = +\frac{d\,\mathrm{UX_1}}{dt}.$$

Nun ist $\qquad -\dfrac{d\,\mathrm{UX_1}}{dt} = k_{\mathrm{UX_1}} \cdot \mathrm{UX_1} \quad$ (Zerfall von $\mathrm{UX_1}$)

und $\qquad +\dfrac{d\,\mathrm{UX_1}}{dt} = k_{\mathrm{U}} \cdot \mathrm{U} \quad$ (Bildung von $\mathrm{UX_1}$ aus U)

somit: $\qquad\qquad \dfrac{\mathrm{U}}{\mathrm{UX_1}} = \dfrac{k_{\mathrm{UX_1}}}{k_{\mathrm{U}}},$

d. h. die beiden Stoffe stehen in einem konstanten Verhältnis zueinander. Dasselbe gilt für das nächste Paar $\mathrm{UX_1}$ und $\mathrm{UX_2}$ usw., so daß wir erhalten:

$$\frac{\mathrm{U}}{\mathrm{Ra}} = \frac{k_{\mathrm{Ra}}}{k_{\mathrm{Jo}}} \cdot \frac{k_{\mathrm{Jo}}}{k_{\mathrm{UII}}} \cdot \frac{k_{\mathrm{UII}}}{k_{\mathrm{UX_2}}} \cdot \frac{k_{\mathrm{UX_2}}}{k_{\mathrm{UX_1}}} \cdot \frac{k_{\mathrm{UX_1}}}{k_{\mathrm{U}}} = \frac{k_{\mathrm{Ra}}}{k_{\mathrm{U}}} = \frac{t_{\mathrm{U}}}{t_{\mathrm{Ra}}} = \frac{8 \cdot 10^9}{1580} = 5{,}1 \cdot 10^6.$$

So kommt es, daß in allen Pechblenden dasselbe Verhältnis U : Ra vorliegt. Bei dem Urangehalt der gewöhnlichen Blenden resultiert daraus eine Aus‧beute von etwa 1 g Radium aus 6000 kg Pechblende. Es ist klar, daß ein so ungünstiges Ausbeuteverhältnis die allerrationellsten Methoden erfordert, um wenigstens die geringe Menge voll zu gewinnen.

Die Blende wird zunächst alkalisch oder sauer aufgeschlossen und mit Schwefelsäure gefällt. Man erhält so etwa den dritten Teil der Ausgangsmenge als „Rückstand". Er enthält neben Kieselsäure und Bariumsulfat das Ra‑diumsulfat. Wir sehen hier, daß sich Radium analytisch wie ein Erdalkali‑metall verhält. Die Erklärung dafür liegt in seinem Stammbaum: Uran steht in der sechsten Gruppe des periodischen Systems (s. nebenstehendes Schema S. 15!). Es geht unter Aussendung eines α-Teilchens in UX_1 über. Da das α-Teilchen ein doppeltgeladenes Heliumatom ist, verliert der Kern dabei zwei positive Ladungen. Damit werden auch zwei Valenzelektronen überflüssig, und die Wertigkeit gegen Sauerstoff nimmt um zwei Einheiten ab, d. h. UX_1 kommt in Gruppe IV zum Thorium zu stehen. Aus UX_1 entsteht unter β-Strahlung UX_2. β-Strahlen sind sehr schnelle Kathodenstrahlen, d. h. Elektronen. Mit der Aussendung eines negativen Elektrons gewinnt der Kern eine positive Überschußladung und kann ein Valenzelektron mehr binden, die Valenz steigt, und UX_2 kommt in Gruppe V unter das Tantal. Diese beiden Sätze, die „radioaktiven Verschiebungssätze", erlauben uns, die chemische Stellung jedes Zerfallsgliedes vorherzusagen aus der Strahlung, von der seine Entstehung begleitet ist. Aus UX_2 entsteht unter β-Strahlung UII, das demnach eine Spalte nach rechts gerückt ist und wieder beim U steht. Unter α-Strahlung entsteht nunmehr Jonium, das also wieder auf den Platz des UX_1 oder Thoriums gehört. Die nächste α-Strahlung liefert uns nun das Radium. Wir müssen es zwei Spalten weiter links suchen und kommen so zu den Erdalkalien, bei denen es sich tatsächlich bei der Pechblenden‑verarbeitung findet[1]. Durch Kochen mit Alkali und Digerieren mit Salzsäure bringt man Blei in Lösung. Dem Blei folgt untrennbar das RaD, der sechste Abkömmling des Radiums. Da es über vier α- und zwei β-Strahlungen aus Radium entsteht, so kommt ihm der Platz des Bleis zu, d. h. es ist tatsäch‑lich Blei, von ihm nur unterschieden durch Atomgewicht und Herkunft. Solche analytisch nicht trennbaren Elemente, die an gleichen Plätzen im System stehen, heißen Isotope. Wir haben eben schon die Isotopengruppe Thorium, UX_1, Jonium gestreift.

Der von in Salzsäure löslichen Stoffen (darunter einige radioaktive, wie Polonium, Aktinium, Jonium) befreite Sulfatniederschlag wird nun alkalisch aufgeschlossen und mit Salzsäure aufgenommen. Diese Operation wird so oft wiederholt, bis der Rest kein Radium mehr enthält. Man erkennt dies an der erlöschenden Fähigkeit der Ausstrahlung, Luft zu ionisieren, d. h. Luft‑molekeln in Elektronen und positiv geladene Restatome zu spalten. Dadurch

---

[1] Da Radium α-Strahlen aussendet, muß es in ein Edelgas übergehen, das tatsäch‑lich beobachtet ist und Niton oder Radium-Emanation (Em) heißt.

0	I	II	III	IV	V	VI	VII
		(Ba)	(Hg)				
				(Th) (Pb)	(Ta)		
				RaD←	α	RaC′	
				β →	RaC β	↑	
				RaB←	α	RaA←	α
α Em←	α	Ra ←	α	Jo ←	α	UII	
				UX$_1$ β	→UX$_2$ β	↑	
				↑	α	U	

wird nämlich die Luft leitend und ein geladenes Elektroskop entlädt sich. Die reine Chemie kennt wohl kaum eine so empfindliche Reaktion und Bestimmungsmethode, wie diese physikalische es ist. Selbst die Spektralanalyse erfordert 150 000 mal größere Substanzmengen.

Ist der Rückstand frei von radioaktiven Elementen, so wird die Lösung nochmals mit Schwefelsäure gefällt, alkalisch aufgeschlossen und in Salzsäure aufgenommen, um die letzten Reste Blei zu entfernen. Nun liegen nur noch die Chloride von Barium, Radium und Calcium vor. Das letztere entfernt man durch Auslaugen des eingedampften Gemischs mit konzentrierter Salzsäure, in der nur Calciumchlorid löslich ist.

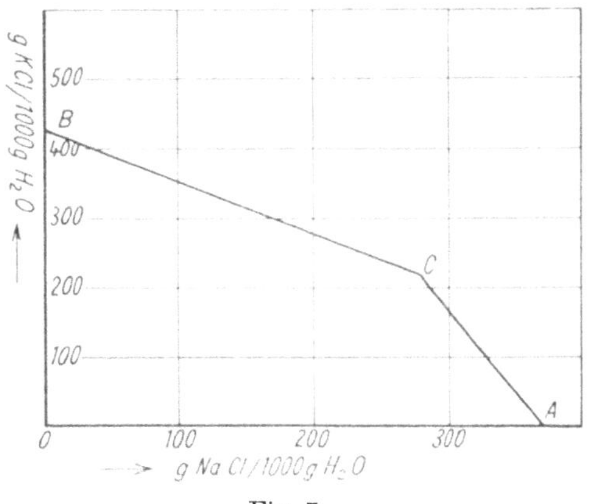

Fig. 7.

Man hat jetzt ein Gemisch, in dem auf 20 kg Bariumchlorid etwa 7 g Radiumchlorid entfallen, und steht vor der Aufgabe, ein solches Gemisch durch fraktionierte Krystallisation zu trennen. Es sind nun mehrere Fälle möglich. (Näheres hierüber S. 53 ff.) Entweder die beiden Salze bilden miteinander kein Doppelsalz und keinen Mischkrystall, so wie es etwa bei dem Gemisch Chlorkalium-Chlornatrium der Fall ist. Sie setzen dann lediglich, wie wir später mit Hilfe des Massenwirkungsgesetzes verstehen werden (s. S. 102), gegenseitig ihre Löslichkeiten herab. Über den Verlauf der Krystallisation (z. B. bei 50° C) gibt uns dann das obenstehende Diagramm (Fig. 7) Aufschluß:

Auf den Achsen sind gelöste Mengen KCl bzw. NaCl in 1 l H$_2$O aufgetragen. Jeder Lösung beider Salze entspricht daher ein Punkt in der Fläche $OACB$. Die gesättigten Lösungen liegen auf der gebrochenen Linie BCA. Sie scheiden, wenn sie auf BC liegen, beim Einengen reines KCl ab, bis ihr Mischungsverhältnis dem Punkt C entspricht, wo nebeneinander beide Salze „eutektisch" (S. 55) krystallisieren. Lösungen, die auf AC liegen, scheiden entsprechend reines NaCl ab. Die Kaliindustrie (s. S. 59) macht von diesen Verhältnissen bei der Trennung beider Salze in den natürlichen Gemischen Gebrauch.

Etwas verwickelter liegen die Verhältnisse, wenn ein Doppelsalz gebildet wird, wie etwa der Carnallit $KCl \cdot MgCl_2 \cdot 6 H_2O$. Dann ist z. B. für $25°$ C so zu zeichnen (Fig. 8).

Lösungen auf DC, zu denen auch b mit der stöchiometrischen Zusammensetzung des Carnallits gehört, scheiden reines KCl ab. Dies ermöglicht die Verarbeitung des Carnallits auf Chlorkalium. Dabei wird der Punkt C erreicht; von da an bis B krystallisiert erst Carnallit aus. Entsprechend liefern die Lösungen AB reines $MgCl_2$.

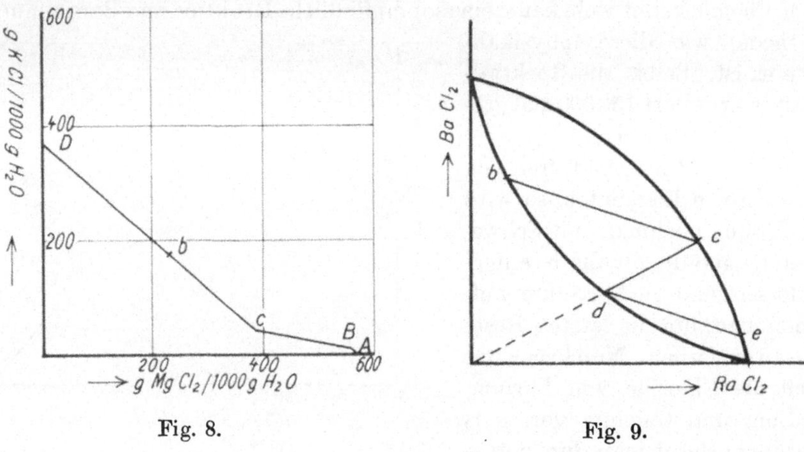

Fig. 8.   Fig. 9.

Hiervon zu unterscheiden ist der Fall, daß zwei Salze Mischkrystalle bilden. Im Gegensatz zum Doppelsalz kann der Mischkrystall die beiden Salze in verschiedenen Verhältnissen enthalten. Bariumchlorid und Radiumchlorid können nun Mischkrystalle in jedem Verhältnis bilden. Dadurch wird es unmöglich, aus irgendeiner Lösung reines Radiumchlorid abzuscheiden. Da überdies die Löslichkeiten beider Salze nur wenig unterschieden sind, sieht das entsprechende Diagramm schematisch etwa wie oben (Fig. 9) aus.

Aus einer gesättigten Lösung von geringem Radiumgehalt, etwa b, scheidet sich hier nicht reines $BaCl_2$, sondern der Mischkrystall c ab, der ein größeres Verhältnis Ra/Ba aufweist. Seine gesättigte Lösung d scheidet wieder einen radiumreicheren Mischkrystall e ab usw. Auf diese Weise muß die ganze linsenförmige Fläche zickzackförmig in zahlreichen Krystallisationen durchlaufen werden. Da jedesmal etwas weniger als die Hälfte des Radiums in der Mutterlauge bleibt, muß auch diese einer fortlaufenden Fraktionierung unterworfen werden. Da nun hierbei die Zahl der Mutterlaugen und Krystallisationen bald fast ins Unendliche anwachsen müßte, verfährt man so, daß man von beiden Seiten her Lösungen Ra-armer Krystallisationen mit etwa gleichprozentigen Ra-reichen Mutterlaugen vereinigt. Man arbeitet also nach folgendem Schema:

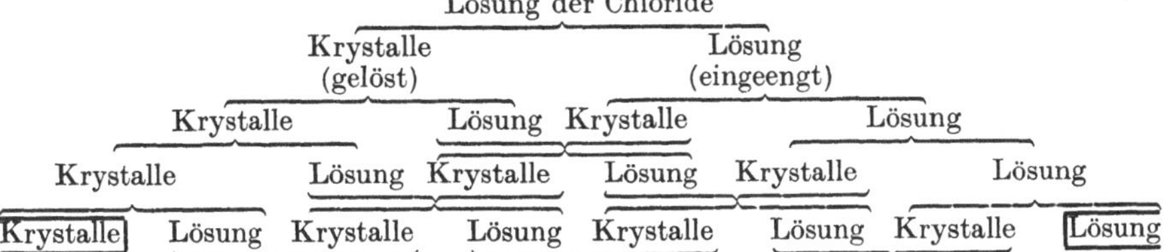

Nach einer gewissen Zahl von Krystallisationen werden dann, wie angedeutet, auf der einen Seite die verarmten Lösungen ausgeschieden, auf der anderen Seite die angereicherten Krystallisationen, deren Menge natürlich immer geringer wird. Die reichsten Zwischenfraktionen werden schließlich vereinigt und auf dem Wege über die Bromide weiter fraktioniert. Während dieser ganzen Operation läßt sich die Anreicherung der an sich geringen Radiummengen fortlaufend an der zunehmenden Strahlungsintensität der Fraktionen messend verfolgen, bis ein praktisch reines Radiumbromid erreicht ist.

Eine interessante Anwendung der radioaktiven Zerfallsgesetze bildet die Herstellung der Leuchtfarben für Taschenuhren, Kompasse, Signalzwecke usw. Hexagonale Zinkblende hat die Eigenschaft, wenn sie von α-Strahlen getroffen wird, an den getroffenen Stellen zu leuchten. Man stellt sich daher Mischungen von Zinkblende mit einem α-Strahler her. Wäre das Leuchten der Zinkblende zeitlich unveränderlich, so wäre die Brauchbarkeit einer Leuchtfarbe nur durch das Abklingen des α-Strahlers begrenzt. Da aber die Blende nach einigen Jahren „ermüdet“, so hat es keinen Zweck, sie mit einem so langlebigen Produkt, wie etwa dem teueren Radium, zu versetzen. Ein guter und wohlfeiler α-Strahler ist das Radiothor, das aber nach zwei Jahren, noch vor dem Absterben der Zinkblende, auf die Hälfte zerfallen ist. Man mischt es daher mit seiner Muttersubstanz, dem Mesothor, das aus Monazitsand dargestellt wird. Auf diese Weise wird das Radiothor ständig nachgeliefert. Geht man von M_0 Atomen Mesothor und R_0 Atomen Radiothor aus, so sind zur Zeit t noch übrig $R_t' = R_0 \cdot e^{-k_R t}$ Atome Radiothor.

Neu hinzugekommen sind durch Zerfall von Mesothor:

$$R_t'' = M_0 - M_t,$$

wo

$$M_t = M_0 \cdot e^{-k_M t}$$

ist.

Es strahlen also insgesamt:

$$R_t = R_0 \cdot e^{-k_R t} + M_0(1 - e^{-k_M t}) \text{ Atome Radiothor.}$$

Für das Maximum der Intensität liefert die Differentiation:

$$\frac{dR_t}{dt} = R_0 \cdot k_R \cdot e^{-k_R t} - 2 R_0 e^{-k_M t} \cdot k_M = 0,$$

wenn doppelt soviel Mesothor als Radiothor angewandt wurde.

Das ergibt:

$$k_R\, e^{-k_R t} = 2\, k_M\, e^{-k_M t}.$$

Oder umgeformt:

$$t = \frac{\ln k_R - \ln 2\, k_M}{k_R - k_M}.$$

Nun betragen die Zerfallskonstanten $k_R = 0{,}325$ und $k_M = 0{,}924$, woraus $t = 3{,}8$ Jahren folgt.

Nach einer Zeit, wo von reinem Radiothor schon weit über die Hälfte zerfallen wäre, hat unsere Mischung also erst ihre volle Intensität erreicht. Daß sie nachher in etwa 20 Jahren auf die Hälfte abklingt, ist bedeutungslos, da mittlerweile die Zinkblende längst völlig ermüdet ist.

Molekelbau.

In unseren bisherigen Betrachtungen ist vielleicht der Zusammenhang mit der Technik ein etwas lockerer gewesen. Der Grund davon ist, wie leicht zu erkennen, einfach der, daß wir uns aus systematischen Gründen bisher nur mit dem Atom als solchem befaßt haben. In die eigentliche Domäne der Chemie, wie sie technisch aufzufassen ist, gelangen wir aber erst, wenn wir die Wechselwirkungen der Atome untereinander ins Auge fassen. Von den radioaktiven Umwandlungen abgesehen, ist ja jede stoffliche Veränderung eine Wechselwirkung zwischen Atomen. Natürlich mußte die Kenntnis des Atoms dem Studium einer solchen Wechselwirkung vorausgehen. Von den Eigenschaften des Atoms ausgehend, wollen wir uns aber jetzt Rechenschaft zu geben suchen über die wichtige Frage: Was ist die chemische Valenz? Wir werden dann auch erkennen, welche Bedeutung eine Beantwortung dieser Frage für die Technologie hat, und welchen Nutzen sie bereits aus dem gezogen hat, was die wissenschaftliche Chemie bisher darauf zu antworten weiß.

Natriumchlorid, in Wasser gelöst, dissoziiert in die Ionen Na^+ und Cl^-. Das (feste) Salz haben wir als eine Verbindung dieser beiden Ionen aufzufassen. Über die Kraft, die die beiden Ionen aneinander bindet, liegt eine höchst einfache Annahme sehr nahe; da nämlich beide Ionen entgegengesetzt elektrisch geladen sind, werden sie sich einfach elektrostatisch anziehen mit der Kraft $K_{\mathrm{Anz}} = \dfrac{e_0^2}{r^2}$, wo r der Abstand ihrer Ladungsmittelpunkte ist. Stellen wir uns einmal auf den Boden dieser Annahme und sehen wir zu, was unsere Kenntnis des Atombaus uns über die Ionenverbindung noch Näheres sagen kann. Im neutralen Natriumatom müssen wir, entsprechend seiner Stellung im periodischen System, ein abspaltbares Valenzelektron annehmen. Die Bildung des Natriumions besteht dann einfach in der Abspaltung dieses Elektrons, wodurch ja ein Gebilde mit einer positiven Überschußladung entstehen muß. Die Oberfläche dieses Ions ist, wie das periodische System unmittelbar lehrt, die stabile Achterschale des Neons. Das Natriumion unterscheidet sich also vom Neonatom nur durch Ladung und Atomgewicht. Für das Chloratom schließen wir aus dem periodischen System auf die Zahl von sieben Valenzelektronen. Hier führt aber die Ionisierung zu einer negativen

Überschußladung, muß also in der Aufnahme eines weiteren Elektrons bestehen. Damit wächst die Zahl der Außenelektronen auf acht an, so daß das Chlorion die stabile Konfiguration des Argons besitzt. So gilt allgemein: Ionen haben die Außenschalen der Edelgase[1]. Die Entstehung von Chlornatrium aus den Elementen können wir uns nunmehr nach *Kossel* so vorstellen, daß ein Natriumatom an ein Chloratom, mit dem es zusammenkommt, sein Valenzelektron abgibt. Damit sind beide zu edelgasartigen Ionen geworden. Diese ziehen sich nun elektrostatisch an und bilden so eine elektrisch neutrale Molekel. Zweiwertige Ionen können natürlich durch ihre doppelte Ladung zwei einwertige Ionen entgegengesetzter Ladung neutralisieren und festhalten ($BaCl_2$, Na_2S).

Brauchbar ist eine solche Theorie erst dann, wenn sie sich auf irgendwelche quantitativen Bestätigungen stützen kann. Das ist nun in der Tat bei unserer Valenztheorie der Fall. Es muß ja prinzipiell möglich sein, die zur Dissoziation eines Salzes notwendige Energie elektrostatisch vorauszuberechnen. Wenn die Ionen starre Kugeln wären, würden sie sich einfach anziehen, bis die Oberflächen sich berühren. Alsdann ist die potentielle Energie

$$U_{\mathrm{Anz}} = \frac{e_0^2}{r}.$$

Da es sich aber um verwickelte Gruppierungen von Elektronen handelt, wird die Grenze der Anziehung wohl kaum durch eine bestimmte Oberfläche gegeben sein, sondern durch irgendein Abstoßungsgesetz. Da wir über dieses Gesetz nichts wissen, können wir auch nicht ohne weiteres annehmen, daß es das soeben für die Anziehung formulierte *Coulomb*sche ist, sondern müssen allgemein schreiben:

$$K_{\mathrm{Abst}} = \frac{e_0^2}{r^n} \quad \text{und} \quad U_{\mathrm{Abst}} = \frac{e_0^2}{r^{n-1}}.$$

Für die gesamte potentielle Energie erhalten wir nun:

$$U = U_{\mathrm{Anz}} - U_{\mathrm{Abst}} = \frac{e_0^2}{r}\left(1 - \frac{1}{r^n}\right).$$

Diese Energie muß nun gleich der auf einigen Umwegen meßbaren Dissoziationsenergie des Salzes sein. Das bestätigt sich in den einfachsten Fällen tatsächlich, wenn n zwischen 7 und 9 liegt. In diesem Falle wird das Abstoßungsglied sehr klein und eine bloße Korrektur, d. h. die Ionen verhalten sich annähernd wie starre Kugeln. Daß die elektrostatische Anziehung zwischen den Ionen wirken muß, ist wohl nicht zu bezweifeln. Es wäre aber möglich gewesen, daß außerdem noch irgendeine besondere „chemische Kraft" vorhanden wäre. Da aber quantitativ die elektrostatische Anziehung bereits die gesamte Dissoziationsenergie aufbringt, so müssen wir schließen: **Die Energie einer polaren Valenz ist rein elektrischer Natur.**

---

[1] Das gilt auch von den Ionen der Elemente der Nebengruppen (Cu, Ag usw.), denen zwar kein Edelgas vorangeht, aber eine Triade in der VIII. Gruppe, die die stabile zweitäußerste Schale des nachfolgenden Edelgases ausgebaut hat (S. 11).

Wir haben wohlweislich die Einschränkung des polaren Charakters der Valenz gemacht. Wir kennen ja eine große Menge von Verbindungen (weitaus die Mehrzahl sogar), auf die unsere ganze Vorstellung nicht anwendbar ist, weil sie sich eben nicht aus Ionen zusammensetzen, sondern aus unzweifelhaft neutralen Atomen. Das gilt von jeder Verbindung, die nicht in geladene Ionen dissoziiert. Denken wir etwa an PH_3, CH_4, CCl_4, H_2, Cl_2, $NaHg_3$ und die Unzahl organischer Verbindungen! Diesen Fällen gegenüber befindet sich die physikalische Chemie nicht in der glücklichen Lage, eine quantitativ bestätigte Theorie zu besitzen, sondern sie ist hier auf eine Reihe Mutmaßungen angewiesen, die erst in neuester Zeit eine Auswahl der wahrscheinlichsten zulassen. Dafür wird uns aber die Verfolgung dieser Theorie der homöopolaren Bindung in bestimmter Richtung u. a. mitten hineinführen in das Gebiet der Farbstoffchemie, einen der umfassendsten und fruchtbarsten Zweige der Technologie.

Wenn Chloratom mit Chloratom zusammentritt zur Chlormolekel, so können wir keinen solchen Elektronenübergang konstruieren wie zwischen Kaliumatom und Chloratom. Er würde niemals beide Komponenten zu Edelgasschalen ergänzen. Daß aber auch hier die Valenzelektronen im Spiele sein müssen, ergibt sich aus der häufigen Gleichheit der Wertigkeiten in beiden Fällen ($H_2^+ S^-$, Cl_2S).

Den Weg zur Lösung verdankt man *J. J. Thomson*, der den Satz aufstellte: Zu jeder Atombindung gehören zwei Valenzelektronen. Wenn diese Valenzelektronen den beiden Atomen gemeinsam sein sollen, so kommen wir auch für homöopolare Atome zu Achterschalen: im Falle des Cl_2 gehören jedem Chloratom sechs eigene und die zwei gemeinsamen Elektronen. *Langmuir* hat sich diese Möglichkeit zunutze gemacht, um mit Hilfe statischer Modelle die chemischen Reaktionen durchzudiskutieren. Er denkt sich die Außenelektronen an den Ecken regelmäßiger Raumfiguren liegend. Eine einfache Bindung zwischen zwei Atomen drückt sich dann durch Berührung je einer Ecke (zwei Valenzelektronen) aus, eine Doppelbindung durch Berührung je einer Seite (vier Elektronen), die dreifache Bindung durch Zusammenfallen je einer Fläche in beiden Atomen. Auf solche Weise läßt sich das Auftreten auch der komplizierteren chemischen Erscheinungen und gerade dieser Erscheinungen überraschend plausibel und geschlossen darstellen.

Nun sind wir nach Annahme des *Bohr*schen Atommodells nicht mehr in der Lage, solche statischen Atommodelle anzuerkennen. Es muß daher darauf hingewiesen werden, daß alle Vorteile der *Langmuir*schen Theorie sich auch ohne jedes spezielle Modell halten lassen, lediglich mit dem arithmetischen Satz, daß einer Bindung zwei gemeinsame Elektronen zugeordnet sind. Der Versuch, diesen Satz mit dem *Bohr*schen Modell zu vereinigen, wird daher letzten Endes zu einer adäquaten Vorstellung von dem Valenzmechanismus führen. Solche Versuche sind mehrfach unternommen worden, haben aber noch zu keiner Entscheidung darüber geführt, in welcher räumlichen Beziehung die zwei bewegten Valenzelektronen zur Valenzrichtung stehen, ob sie in Kreisen um diese Richtung umlaufen oder ob vielmehr ihre Bahnebenen diese Richtung enthalten und die Elektronen vielleicht in Ellipsen um beide Kerne laufen (*Knorr*)[1]. Noch ungeklärter ist natürlich die Frage nach den quantentheoretischen Stabilitätsbedingungen, unter denen die Bahnen der Valenzelektronen stehen. Daß solche Bedingungen bestehen, d. h. daß auch die beiden Kernen angehörenden Elektronen nur in gewissen ausgezeichneten Bahnen strahlungslos laufen können, steht jedoch fest. Wir kennen nämlich bei der Molekel, genau wie beim Atom, ganz bestimmte Energiedifferenzen, die verschiedenen Quantenzuständen entsprechen müssen.

Beim Atom waren diese Differenzen meßbar als das $h\nu$ der Spektrallinien des Stoffes. Man kann sie jedoch auch in guter Übereinstimmung damit auf anderem Wege erhalten. Wenn man die Atome mit Elektronen, die eine bestimmte Geschwindigkeit c und daher eine Energie $\dfrac{m'c^2}{2}$ haben, bombardiert, so kann ein Elektron des Atoms aus einer stabilen Bahn durch diesen Stoß in die nächste gehoben werden. Da die Energie der Elektronen der Spannung proportional ist, die sie bis zum Zusammenstoß mit einem Atom durchlaufen haben, braucht man nur die Minimalspannung zu messen, bei der gerade noch die Abgabe der kinetischen Energie an die Atome stattfindet, um die Differenz der betreffenden Bahnenergien zu kennen.

Die Methode der Wellenlängenmessung ist nun bei Molekeln weniger einfach anwendbar, um Energieniveaus zu bestimmen, da Molekeln infolge der Schwingung der Atomkerne gegeneinander, die temperaturabhängig ist, keine scharfen Spektrallinien aussenden, sondern verwickelte Banden. Dagegen liefert die Elektronenstoßmethode auch hier eine Reihe von bestimmten „kritischen Elektronenenergien", die der Hebung eines Valenzelektrons aus der Normalbahn in höherquantige Bahnen entsprechen. Rechnerisch ist bei der Unkenntnis des Valenzmodells diesen Quantenbahnen vorläufig nicht beizukommen, selbst nicht in dem einfachen Falle der Wasserstoffmolekel, die aus zwei positiven Kernen und zwei Elektronen besteht.

Das eine kann aber gesagt werden: daß diese Hebung eines Valenzelektrons oder beider oder die Abspaltung eines davon die Bindung in allen gewöhnlichen Fällen lockert. Solche Molekeln sind daher reaktionsfähiger als gewöhnliche, man nennt sie darum „angeregt" oder „aktiviert". Angeregte Molekeln können nun sehr leicht beim Zusammenstoß mit anderen Molekelgattungen unter Aufspaltung der gelockerten Valenz chemische Reaktionen eingehen, Reaktionen, die die gleiche Molekel im Normalzustand gar nicht oder sehr selten, d. h. zu einem sehr geringen Bruchteil der Gesamtzahl liefert. Noch bevor diese Zusammenhänge ganz klar erkannt waren, hat sich die Technik diese Möglichkeit zunutze gemacht.

In den Kapiteln „Reaktionsgeschwindigkeit", „Elektrochemie" und „Photochemie" werden wir solche Fälle im einzelnen kennenlernen. Eine Möglichkeit

---

[1] Vom neuesten Standpunkt aus ist diese Frage vielleicht gegenstandslos geworden (S. 6).

der Energiezufuhr ist die Belichtung. Technische Bedeutung hat hier der Fall, daß das Licht im Halogensilber das Valenzelektron vom Halogen zum Silber „hebt", wobei nicht bekannt ist, ob dazwischen noch energiereichere Anregungsstufen durchlaufen werden (heteropolare Valenz!). Dieser Fall wird uns in der „Photochemie" beschäftigen. In der „Elektrochemie" werden wir die mannigfachen Reaktionen kennenlernen, deren Atome und Atomgruppen mit losgelösten Valenzelektronen — Ionen — fähig sind.

Die Bedeutung der Bindungen zwischen den Atomen besteht aber nicht nur darin, daß ihr Öffnen und Schließen die Mannigfaltigkeit der chemischen Erscheinungen und die Mannigfaltigkeit der chemischen Produkte hervorbringt. Vom Mechanismus der Valenz sind auch die Eigenschaften eines jeden Produkts als solchen abhängig. Zum Beispiel haben im allgemeinen heteropolare Verbindungen höhere Siedepunkte als sonst analoge homöopolare

$(AsCl_3: 133{,}8°, \; Ga^{++}Cl_3^{=}: 220°)$. Es hängt das damit zusammen, daß die

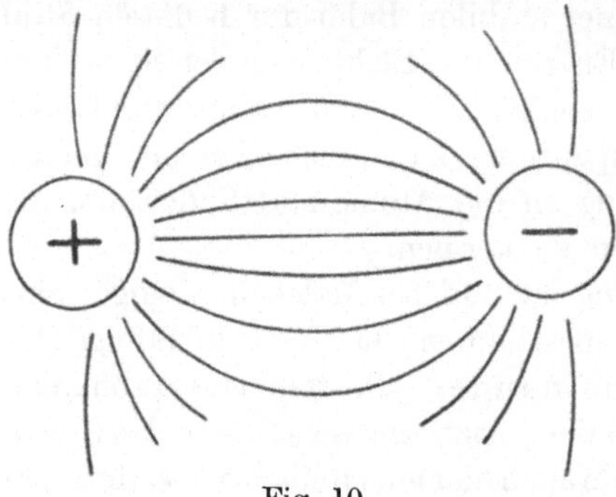

homöopolare Bindung wahrscheinlich eine stärkere Konzentrierung der Bindungsenergie in der Bindungsrichtung bedeutet als die elektrostatische. Das Kraftfeld der letzteren haben wir uns etwa so vorzustellen (Fig. 10), daß ein Teil der Valenzkraftlinien (= elektrischen Kraftlinien) nach außen streut. Dieses Streufeld hält die Molekeln um so fester zusammen, je größer sein Anteil an der Gesamtfeldstärke ist. Ein Zusammenhalten der Molekeln erschwert aber ihre Trennung bei der

Fig. 10.

Verdampfung und erhöht so den Siedepunkt (Kap. III). Analoge Überlegungen gelten auch für verschiedene Arten der homöopolaren Bindung: Je geschlossener die ganze Molekel gebaut ist, je weniger Streufelder also vorhanden sind, desto niedriger liegt der Siedepunkt. (So sieden durchweg die Kohlenwasserstoffe mit offener Kette, z. B.

$$CH_3(CH_2)_3CH_3 \, (38°)$$

höher als die mehr „kugelförmigen" mit verzweigter Kohlenstoffkette, wie z. B.

$$\genfrac{}{}{0pt}{}{CH_3}{CH_3}\!\!\diagdown\!\!\diagup CH \cdot CH_2 \cdot CH_3 \,(30°) \quad \text{und} \quad (CH_3)_4C \,(9{,}5°)\,[1].$$

Besonders deutlich ist nun der Einfluß der Bindungen in der Molekel oder der Konstitution auf die Lichtabsorption oder die Farbe der Körper, insbesondere der Farbstoffe. Farblos nennen wir einen Körper, der von dem auf ihn auffallenden weißen, also alle sichtbaren Wellenlängen enthaltenden Licht keine Wellenlänge vorzugsweise absorbiert, also weißes Licht wieder

---

[1] *Nernst*, Theor. Chemie, 10. Aufl., S. 378 (1922).

austreten läßt (Wasser). Absorbiert ein Körper aber eine Farbe vorzugsweise, so erscheint er im durchfallenden Lichte mit der Komplementärfarbe gefärbt. Blaue Farbe bedeutet somit eine Absorptionsbande im roten Gebiet des Spektrums ($CuSO_4 \cdot 5 H_2O$). Das Ziel der Farbenchemie muß nun sein, die Abhängigkeit der Lichtabsorption von der chemischen Konstitution so weit zu erforschen, daß der Farbenchemiker die Farbe einer darzustellenden neuen Verbindung willkürlich aus ihrer Konstitution vorausbestimmen kann. Es ist dazu schon eine große Reihe bewährter empirischer Gesetzmäßigkeiten bekannt. Der Zusammenhang mit der strengen Theorie fehlt diesen aus historischen Gründen noch vielfach, ist aber heute doch in großen Umrissen erkennbar.

Wie haben wir uns denn auf Grund unserer Atom- und Molekelvorstellungen den Vorgang der Lichtabsorption in einem Stoffe zu denken? Offenbar so, daß die Lichtenergie in Quanten absorbiert wird, die den Wert $h \cdot \nu$ besitzen, also im Ultravioletten, wo die Wellenlängen am kleinsten, somit die Schwingungszahlen ν am größten sind, den höchsten Energiewert haben. Mit sinkender Schwingungszahl ν nach dem roten (und ultraroten) Ende des Spektrums hin nehmen die Energiequanten $h \cdot \nu$ ebenfalls ab. Die Aufnahme eines Lichtquants erfolgt nun so, daß ein Elektron in einer Molekel auf eine höhere Bahn gehoben wird und so die Lichtenergie in Bahnenergie des Elektrons übergeht. Beim Zurückfallen des Elektrons wird nun dieselbe Welle wieder ausgestrahlt, jedoch alsbald von einer Nachbarmolekel wieder absorbiert usw., so daß der Lichtstrahl schließlich aus dem gefärbten Medium nicht austreten kann. Durch Zusammenstöße der angeregten Molekeln mit anderen, die in bestimmter Richtung und mit bestimmter Heftigkeit erfolgen („Stöße zweiter Art"), geht endlich die Bahnenergie der gehobenen Elektronen strahlungslos in kinetische Energie der Gesamtmolekeln, also in Wärme über, womit das Licht als solches verschwunden ist.

Bedingung für einen solchen Mechanismus ist aber, daß die Energiedifferenz zwischen zwei benachbarten Elektronenbahnen nicht größer sein darf als das Quant der zu absorbierenden Farbe.

Speziell für einen Farbstoff, der sichtbares Licht ($\nu = 14\,000$ bis $30\,000$) absorbieren soll, müssen wir also fordern, daß Bahnen in seiner Molekel vorhanden sind, deren Energien sich höchstens um das $h \cdot \nu$ dieser Lichtarten unterscheiden. Für die Bahnsysteme der gewöhnlichen Atom- und Valenzelektronen ist diese Bedingung nun im allgemeinen nicht erfüllt, sie erfordern vielmehr zur Hebung ihres Elektrons Quanten, die im Ultravioletten liegen. Man weiß aber aus Erfahrung, daß bestimmte Atomgruppierungen, in denen sog. „ungesättigte Valenzen" vorliegen, die Stoffe farbig erscheinen lassen, also die Absorption aus dem Ultravioletten zum Sichtbaren hin verschieben. Solche Gruppen nennt man bekanntlich „Chromophore". Offensichtlich enthalten sie Valenzelektronen, die durch besonders kleine Quanten in ihre nächsthöhere Bahn gehoben werden können. Wie wir schon aus den Berechnungen auf S. 9 entnehmen können, ist aber die Energiedifferenz zweier benachbarter Bahnen um so geringer, je höher ihre Quantenzahlen sind oder

je kernferner sie sind. Die kernfernsten Elektronen werden nun auch die selbst
am lockersten gebundenen sein. Sie werden also, chemisch ausgedrückt, leicht
aufspaltbaren Bindungen angehören. In der Tat enthalten alle die Gruppen,
die uns als farberzeugend bekannt sind,

$$=C=O\,,\quad =C=S\,,\quad =C=N-,\quad -N=N-,\quad -N\overset{O}{\underset{O}{\lessgtr}}\,,\quad =C\Big\langle\begin{smallmatrix}C=C\\C=C\end{smallmatrix}\Big\rangle C=$$

usw., leicht aufspaltbare Bindungen, die zwar nicht immer Doppelbindungen
zu sein brauchen, jedoch in weitaus den meisten Fällen solche sind. Die
Verdoppelung der chemischen Valenz — vier gemeinsame Valenzelektronen
zwischen zwei Atomen — hat also zur Folge[1], daß die Valenzelektronen
wenigstens zum Teil auf Bahnen umlaufen, die sich von der nächsthöheren
durch ein im sichtbaren Spektralbereich gelegenes Energiequant unterscheiden. So können wir es elektronentheoretisch verstehen, warum Benzol nur
Ultraviolett absorbiert, also farblos ist, während Azobenzol, Nitrobenzol,
Chinon im Blau absorbieren und daher gelb gefärbt sind.

Die Verhältnisse sind natürlich sehr verwickelt dadurch, daß alle Bestandteile der Molekel sich gegenseitig in ihren Quantenzuständen beeinflussen.
Infolgedessen hängt auch die Wirksamkeit einer chromophoren Gruppe weitgehend davon ab, an welcher Stelle in der Molekel sie sitzt, und was sonst
noch daranhängt. Unser Ziel müßte sein, vorhersagen zu können, welche
Farbe ein Chromogen von der und der Konstitution haben müßte. Da es sich
aber eben um ein unerforschtes Zusammenwirken zahlreicher Einflüsse handelt, über die wir nicht einmal einzeln quantitativ Bescheid wissen, sind wir
von dem Endziel der Farbstofftheorie noch weit entfernt. Auch Versuche,
die Farbtiefe, d. h. die Größe des absorbierten Quants, in Abhängigkeit von
dem „Grade der Ungesättigtheit“ der Verbindung zu bringen, haben zu keinem
eindeutigen Resultat geführt, wohl eben weil dieser „Grad“ ein allzusehr
dem „chemischen Gefühl“ überlassener Faktor ist. Exakte Erkenntnisse
und damit exakte Arbeitsregeln auch für die Praxis haben wir überhaupt
wohl erst dann zu erwarten, wenn wir zahlenmäßige Erkenntnisse ins
Gefecht führen können, und dazu ist auf dem Gebiete des Molekelbaus noch
sehr viel physikalische Arbeit nötig. In grober Linie gibt natürlich all das,
was systematisches Experimentieren über „Konstitution und Farbe“ bisher
gelehrt hat, bereits deutliche Fingerzeige, wie man es anzufangen hat, um Blau
oder Gelb zu erzeugen. Nur die feineren Einzelheiten der ungezählten Farb-
stoffklassen und -nuancen werden einer Durchdringung des Gebiets von der
Elektronentheorie her vorbehalten bleiben.

In der Richtung einer gegenseitigen Beeinflussung der verschiedenen Teile
der Molekel liegt auch die eigenartige Rolle, die die sog. „Auxochrome“
spielen. Es sind dies Gruppen, die, ohne selbst Chromophore zu sein,
die Absorption noch weiter ins Sichtbare schieben, also farbvertiefend wirken.
Träger der Absorption ist dabei nach wie vor die schon vorhandene chromo-

---

[1] Der Benzolkern scheidet in diesem Betracht aus, da seine drei Doppelbindungen
nicht solche im eigentlichen Sinne sind, sondern durch ihre besondere Konfiguration
recht fest gebundene Elektronen besitzen.

phore Gruppe. Das Quant ihres Valenzelektrons wird also durch Einführung eines Auxochroms (besonders —OH und —NH$_2$) in die Molekel verkleinert. Es ist auffallend, daß dieselben Gruppen es auch sind, die aus gefärbten Stoffen Farbstoffe machen, also die Affinität zur zu färbenden Faser vermitteln. Wir sehen hier die chemische Faustregel bestätigt, daß die Gruppen mit der größten Verbindungsfähigkeit (Affinität) gleichzeitig zu den stärksten Fernwirkungen auf andere Molekeln (Siedepunkt) und in der eigenen Molekel befähigt sind. Molekulartheoretisch kommt dies wieder auf die Frage der Streufelder heraus, die sich insbesondere bei ionisierbarer Bindung:

$$RNH_2 + H_2O = R - NH_3^+ + OH' \quad \text{und} \quad ROH = R^+ + OH' \text{ bzw. } RO' + H^+$$

ausbilden können (s. o.). Derartige Gruppen werden einerseits fähig sein, mit einem amphoteren Faserbestandteil (z. B. Lanuginsäure in der Wolle) als Base oder Säure zu reagieren und so esterartige Verbindungen zu bilden, vielleicht auch einfach dank ihrer Restvalenz Adsorptionsverbindungen. Andererseits ist verständlich, warum dieselben Gruppen durch eine Fernwirkung ihrer Restvalenzen das Quant des Chromophors beeinflussen können.

Von dem Standpunkt aus, daß die Eigenschaften der Stoffe zum großen Teil (Ausnahmen werden wir in Kap. II und III kennenlernen) Funktionen ihrer Elektronenkonfiguration sind, könnte man Überlegungen, wie wir sie soeben für die Farbe angestellt haben, auch auf andere Eigenschaften ausdehnen.

Bekannt ist z. B. die Abhängigkeit des optischen Brechungsvermögens und der optischen Aktivität von der Konstitution. Insbesondere für die Herstellung der optischen Gsäer haben diese Zusammenhänge technische Bedeutung, wie für rasche ehaltsbestimmung der Zuckersäfte im Polarimeter.

Die optischen Eigenschaften sind, wie wir gesehen haben, infolge des Charakters der optischen Vorgänge in der Materie ohne weiteres ein Ausdruck der Elektronenbindung. Wie steht es aber mit anderen Eigenschaften? Von den wichtigen physiologischen Wirkungen kann man ein gleiches nicht annehmen. Hier spielen außer den Eigenschaften des Organismus noch physikalische Faktoren der verschiedensten Art eine Rolle. Gleich einfache Zusammenhänge zu finden, ist daher hier meist nicht gelungen. Die konstitutiven Bedingungen für die Wirksamkeit von Arzneimitteln z. B. sind in den allerwenigsten Fällen bekannt.

Ähnlich steht es mit dem Geschmack und Geruch. Man kennt zwar die odorophoren Gruppen der starkriechenden Terpenabkömmlinge oder die versüßende Wirkung der gehäuften Hydroxylgruppen in allen einfachen Zuckern, aber gerade hier sind die künstlichen Süßstoffe eine abweichende und unbegründbare Erscheinung. Da eben eine Vorstellung etwa über den Elektronenmechanismus der Geschmackswirkung oder der diese bedingenden Zwischenvorgänge völlig fehlt, kann hier nur zielbewußte Induktion weiterhelfen. Auf diese Weise ist es z. B. in neuerer Zeit gelungen, die Bedingungen einzuengen, unter denen eine Verbindung Pfeffergeschmack besitzt, und so tatsächlich synthetische pfefferartige Produkte darzustellen. Wir erwähnen diese Tatsache, um zu zeigen, wie doch auch ohne Kenntnis des eigentlichen Zusammenhangs ein Zurückgehen auf die Stelle, wo die Eigenschaften sitzen müssen, auf die Molekel, zu technischen Erfolgen führt.

Sobald erst noch sekundäre physikochemische Faktoren dazukommen, die auf molekularer Wechselwirkung beruhen, besonders mechanische Eigenschaften, ist die Zurückführung auf die Molekel nur noch in Sonderfällen möglich, wie etwa die Auffindung „resinophorer Gruppen" für die Kunstharze. Im übrigen verspricht hier heute noch die Erforschung eben dieser sekundären Faktoren mehr, wie wir im folgenden an technischen Baustoffen, Faserstoffen, Kautschuk und anderen Beispielen sehen werden.

Kapitel II.

Kolloidchemie.

Es wurde schon angedeutet, wie die Kräfte, die die Molekeln der Substanzen in den Flüssigkeiten und festen Stoffen zusammenhalten, wesensgleich und nur dem Grade nach verschieden sind von denen, die die Atome untereinander binden, und die wir gewöhnlich chemische Kräfte nennen. Bevor wir aber auf die hieraus sich ergebenden Gesetzmäßigkeiten in Eigenschaften und Übergängen der Aggregatzustände eingehen, wollen wir noch einer Erscheinungsform der Materie gedenken, die gewissermaßen an der Schwelle steht zwischen Molekel und „Stoff". Das ist die Welt der kolloid verteilten Materie. Ihr Verständnis setzt zwar eigentlich die Kenntnis der Eigenschaften der sie zusammensetzenden Zustände fest — flüssig — gasförmig voraus. Es sei aber erlaubt, die Kolloide hier voranzustellen und für sich zu behandeln, insbesondere wegen der großen Bedeutung, die sie für die chemische Technik besitzen, dann aber, weil sie in ihrer Anordnung als Aggregate nur weniger Molekeln eines Stoffes, unterbrochen durch den dazwischengelagerten anderen Stoff, die primitivste Stufe der Molekelanhäufung bilden.

Betrachten wir als Beispiel die Milch. Sie besteht in einer wässerigen Flüssigkeit, die Mineralstoffe, Milchzucker usw. gelöst enthält, dem „Molken" und darin schwimmenden Fetttröpfchen, die das undurchsichtige Aussehen bewirken und die Substanz der Butter bilden. Von dem gelösten Milchzucker unterscheiden sie sich dadurch, daß dieser in einzelnen Molekeln in der Flüssigkeit herumschwimmt, sie dagegen schon zu Tröpfchen zusammengetreten sind, die je eine große Zahl von Molekeln enthalten, Tröpfchen, die mindestens in der Größenordnung der Lichtwellenlänge liegen, denn sie vermögen ja das Licht abzulenken. Alle solchen Gebilde, in denen Teilchen solcher Größenordnung vorliegen, nennen wir Kolloide. Sie stehen zwischen den eigentlichen Lösungen mit molekularer Verteilung und den grob-mechanischen Mischungen, deren Einzelteile meist mikroskopisch sichtbar sind und die, sich selbst überlassen, sich entmischen würden[1]. Es ist für uns von besonderer Wichtigkeit, daß fast alle Gewebe und Flüssigkeiten des tierischen und pflanzlichen Körpers, Haut, Haare, Fasern, Blut, Milch usw. kolloide Systeme darstellen. Daraus erhellt die überragende Bedeutung der Kolloidchemie für alle die Zweige der Technik, die mit diesen Erzeugnissen der organisierten Natur zu tun haben, für Färberei, Gerberei, Nahrungsmitteltechnik, Kautschukindustrie

---

[1] Streng genommen gehört gerade die Milch eher zu der letzteren Gruppe (Rahmbildung!).

u. ä. Darüber hinaus beruhen auch viele wertvolle Eigenschaften anorganischer Produkte, wie des Tons, des Zements, auf ihrer Kolloidnatur.

Die Größenordnung ihrer Teilchen erteilt den Kolloiden oft Eigenschaften von besonderer Art und technischer Verwendbarkeit. So die Unfähigkeit, sehr engporige Wände zu passieren. (Die elektrische Oberflächenladung der Teilchen, von der noch die Rede sein soll, mag freilich in Wechselwirkung mit Ladungen an der Porenwand auch hineinspielen.) Solche Wände, durch die molekular gelöste Stoffe hindurchtreten können — Osmose —, Kolloidteilchen aber nicht, sind z. B. die Zellwände der organisierten Materie. Bei der Extraktion der Zuckerrüben hat man so den Vorteil, daß in das Lösungswasser zwar der molekular gelöste Zucker hinübertritt, die im Zellsaft kolloidal gelösten Eiweißstoffe usw. aber zum größten Teil nicht.

Es ist auch der charakteristische Wert der Teilchengröße, der manche Kolloide einer bestimmten technischen Verwertung zugänglich macht. Wenn nämlich die Teilchen des fein verteilten Stoffs (der „dispersen Phase", die in dem „Dispersionsmittel" verteilt ist) in ihrem Durchmesser gerade in die Größenordnung der Lichtwellenlängen (etwa 10^{-4} mm) kommen, so treten Färbungen auf, die oft von großer Kraft und Schönheit sind. Bekanntlich beugen kleine Teilchen oder enge Spalte diejenigen Lichtsorten, deren halbe Wellenlänge größer als die Teilchengröße (Spaltbreite) ist, diffus ab. Die Farbe des abgebeugten Lichts wandert also bei wachsender Teilchengröße von Blau nach Rot. Eine Lösung, die solche Teilchen enthält, wird demnach, je nach ihrer Teilchengröße, blaueres oder röteres Licht nach allen Seiten abbeugen, im durchfallenden Licht aber in der Komplementärfarbe erscheinen, wenigstens in hinreichend dicker Schicht. Eine solche Lösung hat man nun vor sich in den bekannten Rubingläsern, und zwar eine kolloide Lösung von Gold in Glas. Nach dem Erstarren der Schmelze sind die Goldatome zunächst noch völlig getrennt, bei allmählichem Erwärmen wachsen sie dann zu kleinen Goldkryställchen zusammen, und wenn diese so groß geworden sind, wie die halbe Wellenlänge blauen bis grünen Lichts, erscheint das Glas in der bekannten tief weinroten Durchsichtsfarbe. Erhitzt man das Glas zu lange, so wachsen die Teilchen bis auf die halbe Wellenlänge roten Lichts an, und man erhält blaue Gläser, bis schließlich bei weiterem Krystallwachstum sichtbare Trübungen auftreten. Die Glasindustrie kennt eine Reihe derartiger durch Metalle gefärbter Gläser; auch mit Kupfer kann man die roten Töne erzielen (unechtes Rubinglas), während Silber schon den Glasmalern des Mittelalters ihre schönen gelben Gläser lieferte. Es ist möglich, daß auch ein Teil der natürlichen und künstlichen Edelsteine solchen Erscheinungen ihre Farbe verdankt, so die Korunde (Rubin, Saphir) kolloidalem Cr_2O_3 bzw. Co_2O_3. Im Ultramarin ist kolloid verteilter Schwefel das färbende Element.

Gleichgewicht im kolloiden System.

Grundsätzlich ist zunächst die Frage zu beantworten, warum die molekelverbindenden Kräfte in den kolloiden Lösungen gerade bei Teilchengrößen von einigen $\mu\mu$ haltgemacht haben und nicht größere Teile gebildet haben, d. h. warum solche Lösungen stabil sind und nicht ausflocken. Offenbar müssen da noch trennende Kräfte im Spiel sein, die einer Vereinigung zu allzu großen Gebilden in diesen besonderen Fällen entgegenwirken.

Es sei gleich gesagt, daß diese Kräfte elektrische Abstoßungskräfte sind, hervorgerufen durch die an der Oberfläche der Kolloidteilchen sitzenden geladenen Ionen.

Dieses Gleichgewicht zwischen anziehenden und abstoßenden, teilchenverbindenden und -trennenden Kräften ist es, das bei bestimmten Teilchengrößen, die in jedem Falle von der Zusammensetzung der dispersen Phase und des Dispersionsmittels abhängen, den kolloiden Partikeln ihre Existenz sichert und sie einerseits vor völliger Auflösung, andererseits vor Koagulation (Ausfallen) schützt. Die Teilchengrößen können dabei von Fall zu Fall von einigen $\mu\mu$ bis zu $0{,}5\,\mu$ schwanken. Jede der beiden Kräfte ist von verschiedenen Faktoren abhängig und zeigt Eigenschaften, die für das Verständnis vieler technischer Materialien und Prozesse grundlegend sind.

Teilchenvergrößernde Kräfte.

Beschäftigen wir uns zunächst mit den verbindenden Kräften. Die Kraft, die in Flüssigkeit oder festem Körper die Molekeln aneinander bindet, und die wir oben als Streufeld der chemischen Valenz definiert haben, bleibt natürlich an der Oberfläche eines Tropfens oder Krystalls ungesättigt, und die dort gelegenen Molekeln haben das Bestreben, ihre Restvalenzen durch Anlagerung weiterer Molekeln abzusättigen. So sind die Vorgänge der Kondensation und Krystallisation zu denken, so auch das Wachsen kolloider Teilchen bei Entstehung eines „Sols" durch Abscheidung eines molekular schwerlöslichen Stoffs. Je größer nämlich das Teilchen geworden ist, desto geringer ist die Gesamtzahl der „ungesättigten Valenzen" pro Einheit des Volumens, da ja erstere nur mit dem Quadrat, dieses aber mit dem Kubus des Durchmessers ansteigt.

Man kann den Sachverhalt auch so darstellen: Eine Molekel im Innern des Tropfens wird von allen Seiten von den Nachbarmolekeln angezogen, die Kräfte heben sich also alle auf. Eine Molekel an der Oberfläche aber wird nur von innen und den Seiten her angezogen, sie erfährt also eine ins Innere des Tropfens gerichtete Kraft, eine Kraft, die die Oberfläche nach innen zieht, d. h. möglichst zu verkleinern sucht. Deshalb nehmen einzelne Flüssigkeitstropfen Kugelgestalt an, deshalb vereinigen sich kleinere Tropfen zu größeren.

Ein (mechanisches) System ist bekanntlich dann im Gleichgewicht, wenn seine potentielle Energie ein Minimum erreicht. Wie wir nun auf S. 2 die zu der elektrostatischen Anziehungskraft Kern-Elektron gehörige potentielle Energie berechnet haben, so können wir hier die zu der oberflächenverkleinernden Kraft gehörige potentielle Energie berechnen. Wir definieren hierzu den seitlichen Zug, den die beiden Teile einer Oberfläche rechts und links einer beliebigen[1] 1 cm langen Strecke in der Oberfläche aufeinander ausüben, als **Oberflächenspannung** γ. Diese hat die Dimension Kraft pro Zentimeter. Um nun die Arbeit zu bestimmen, die ich leisten muß, um die Oberfläche O gegen die Wirkung der Oberflächenspannung zu bilden, stellen wir uns vor, wir bilden zunächst das Oberflächenelement $dxdy$, wo x und y Abszisse und Ordinate eines rechtwinkligen Koordinatensystems sind. Dazu müssen wir die Molekeln auf einer Strecke dx um dy cm auseinanderziehen, d. h. gegen die Kraft γdx auf dem Wege dy Arbeit leisten. Die Arbeit $=$ Kraft · Weg beträgt $dA = \gamma dxdy$. Für eine Oberfläche O erhalten wir $A = \int\limits_0^O \gamma dxdy$, oder, da ja γ vom Ort unabhängig ist (Fußnote)

$$A = \gamma \int\limits_0^O dxdy = \gamma \cdot O.$$

Wir kommen so zu dem Resultat, daß die anziehenden Kräfte der Molekeln dahin wirken, das Produkt

$$A = \gamma \cdot O,$$

die sog. **freie Oberflächenenergie**, möglichst klein zu machen. Das kann einmal geschehen durch Verkleinerung von O, also Kugelbildung, Vereinigung zu größeren Teilchen — Koagulation. Es kann aber auch geschehen durch Verkleinerung der Oberflächenspannung γ selbst, und diese Möglichkeit tritt in der Natur sehr oft ein und hat für uns besondere Bedeutung. Eine Verringerung der Oberflächenspannung oder (für unseren Zweck, die Behandlung der Kolloide, wo die disperse Phase an eine andere mit einer großen Fläche angrenzt) besser Grenzflächenspannung kann nämlich erfolgen durch **Adsorption** gewisser Stoffe an der Oberfläche, die die Restvalenzen absättigen bzw. von der Kraft, die sonst den seitlichen Zug der Molekeln aufeinander ausübt, etwas für ihre Bindung beanspruchen. Alle die Stoffe, die diese Fähigkeit für eine bestimmte Grenzfläche besitzen, werden also an dieser Grenzfläche willig adsorbiert werden, da ja dadurch die freie Oberflächenenergie abnimmt. Da nun unsere kolloiden Systeme mit ihrer feinen Verteilung in kleine Teilchen **enorm große Phasengrenzflächen** aufweisen, ist hier die Adsorption eine sehr bemerkbare Erscheinung, ja für die Eigenschaften der Kolloide vielfach bestimmend und vor allen Dingen die wichtigste Grundlage einer großen Anzahl der bedeutsamsten technischen Prozesse.

Wir wollen zunächst die Verhältnisse an der Grenzfläche von fein verteilten festen Körpern gegen Gase betrachten. Hier ist eine Verkleinerung der Grenzfläche im allgemeinen nicht möglich, und daher wird sehr vielfach der Weg der Adsorption beschritten. Da ist zunächst die Kohle als Stoff mit gewaltiger spezifischer Oberfläche und dementsprechend sehr starker Adsorptionsfähigkeit bekannt. Wenn sie mit einem Gasgemisch in Berührung kommt, so adsorbiert sie daraus am stärksten die schwerst flüchtigen Bestand-

---

[1] Sie ist beliebig bezüglich ihrer Lage, denn wäre die Oberflächenspannung an verschiedenen Stellen der Oberfläche verschieden, so würden sich die Teile der Oberfläche so lange verschieben, bis die Oberflächenspannung überall die gleiche wäre.

teile, was ja bei der prinzipiellen Ähnlichkeit von Adsorption und Kondensation einleuchtet. Darauf beruht zum Teil die Wirkung der Gasmaske, die aus den sehr schwer kondensierbaren Gasen der Luft die beigemengten, meist leichter kondensierbaren Giftstoffe in einem Kohlefilter zurückhält, und die über den Krieg hinaus heute ein willkommenes Schutzmittel für die Arbeiter vieler chemischer Betriebe geworden ist. Eine durch Ausglühen im Vakuum weitgehend „entgaste" Kohle adsorbiert natürlich ziemlich alles, was ihr in den Weg kommt, und so gibt es kein besseres Mittel, hohe Vakua zu erzeugen als eben die Adsorption der letzten Gasspuren an stark gekühlter Holzkohle, Acetylenruß o. dgl. Die Glühlampenindustrie macht hiervon Gebrauch bei Herstellung der evakuierten Metallfadenlampen und auch der gasgefüllten, da hier der geringste Luftrest den Wolframdraht mehr oder weniger schnell verbrennen würde.

Für rein chemische Zwecke ist die Adsorption an festen Grenzflächen wichtig deshalb, weil auf ihr wahrscheinlich in den meisten Fällen die Katalyse von chemischen Reaktionen beruht. Diese Beschleunigung von Umsetzungen, die an und für sich zu langsam verlaufen würden, um technisch auswertbar zu sein, oder erst bei so hohen Temperaturen merkbar werden würden, wo ihr Gleichgewicht (s. S. 73) zu ungünstig liegt, kann zweierlei Ursachen haben. Einmal pressen die Oberflächenkräfte die Gasmolekeln an der Oberfläche auf hohen Druck in engem Raume zusammen und geben ihnen dadurch vermehrte Gelegenheit, zusammenzustoßen, was natürlich Grundbedingung für chemische Wechselwirkung ist (s. S. 88). Zweitens aber scheinen sie die adsorbierten Molekeln vielfach in einen Zustand zu versetzen, in dem sie zur Reaktion einer viel geringeren Anstoßenergie aus dem Wärmevorrat des Gases bedürfen (s. S. 94). Insoweit es sich dabei um spezifische Wirkungen der Grenzflächenadsorption handelt, mögen diese Erscheinungen schon hier besprochen werden; Ausführlicheres und Allgemeineres über Katalyse findet man dann im Kap. V, S. 94 ff.

Als allgemein bekanntes Beispiel einer Adsorptionskatalyse sei hier der Platinmohr enthaltende Gasanzünder genannt. Das fein verteilte Platin enthält adsorbierten Luftsauerstoff, und wenn es nun noch Molekeln des vorbeistreichenden Leuchtgases adsorbiert, geht in der Grenzfläche die Reaktion

$$CH_4 + 2\,O_2 = CO_2 + 2\,H_2O + 136\,Cal$$

vor sich, die im freien Gasgemisch ohne Zündung nur unmeßbar langsam abläuft. Die freiwerdende Wärme erhitzt das Platin zum Glühen, so daß nun das Gasgemisch selbst gezündet wird.

In der Großindustrie sind es insbesondere zwei katalytische Reaktionen, die große Bedeutung haben. Die eine ist die Ammoniaksynthese nach *Haber-Bosch* aus Stickstoff und Wasserstoff. Ohne Katalysator verliefe sie brauchbar schnell erst bei Temperaturen, bei denen selbst unter den angewandten hohen Drucken aus thermodynamischen Gründen kein Ammoniak mehr beständig wäre (s. a. S. 81). An einer Platinoberfläche ist diese hohe Temperatur nicht notwendig, und man kann so weit mit der Temperatur heruntergehen, daß erhebliche Ausbeuten erzielt werden. Ganz analog liegen die Verhältnisse bei dem **Kontaktschwefelsäureprozeß** nach *Knietsch*, der auch am Platinkontakt abläuft, und für den *Bodenstein* die Adsorptionskatalyse experimentell sichergestellt hat. Da das technische Schwefeldioxyd seiner Herkunft nach oft Arsen enthält, zeigt sich hier zunächst folgende Schwierigkeit: Arsenverbindungen, die schwerer flüchtig sind als Schwefeldioxyd, werden deshalb vom Platin vorzugsweise aufgenommen; schon geringe Mengen Arsen verhindern so die Adsorption von Schwefeldioxyd — sie „vergiften" den Katalysator. Deshalb ist Arsenfreiheit des SO_2 hier so wichtig. Bekanntlich läßt sich die Reaktion auch durch Fe_2O_3 katalysieren. Dies ist ein typisches Beispiel einer sog. „**Austauschadsorption**". Man kann nämlich den Grenzflächenvorgang hier so formulieren:

$$Fe_2O_3 + 2\,SO_2 = 2\,FeSO_4$$

$$2\,FeSO_4 = 2\,FeO + 2\,SO_3,$$

$$2\,FeO + \tfrac{1}{2}O_2 = Fe_2O_3,$$

d. h. der Katalysator nimmt SO_2 zunächst adsorptiv auf und gibt dafür gleichzeitig SO_3, das er **vorgebildet enthält**, ab, während er die Umwandlung an seiner Oberfläche bewirkt.

Große Bedeutung hat übrigens die Austauschadsorption für die **Reinigung des Industriewassers von kesselsteinbildenden Substanzen** und die **Trinkwasserreinigung**, besonders aber für die **Erweichung des Wassers für Wäscherei und Färberei**. Gewisse Natrium-Aluminatsilicate, sog. **Permutite**, haben nämlich die Eigenschaft, sehr leicht Calcium- und Magnesiumionen aus dem Wasser an der großen Oberfläche ihrer zelligen Strukturen zu adsorbieren, indem sie dafür die gleiche Ladung an Natriumionen in die Lösung senden, die nun statt der störenden kohlensauren Erden Soda enthält. Die Austauschadsorption ist umkehrbar, mit konzentrierter Kochsalzlösung läßt sich der Permutit auf demselben Wege regenerieren.

Ganz ähnliche Vorgänge scheinen im **Ackerboden** vor sich zu gehen und hier die sonst zu erwartende Wegspülung der löslichen Düngemittel, besonders der Kali- und Ammonsalze zu verhindern. Auch hier dürften es permutitartige Substanzen (Zeolithe) sein, die durch einen solchen Ionenaustausch Ammonium und Kalium in ihr Gefüge unlösbar aufnehmen und nun nur langsam an die Pflanze abgeben.

Haben wir hier schon eine Form der Adsorption kennengelernt, bei der chemische Vorgänge parallel gehen, so ist das in wohl noch viel stärkerem Maße bei den Vorgängen der Fall, die wir jetzt betrachten wollen, und bei denen das adsorbierende Kolloid die organische Faser ist, nämlich bei den Prozessen des **Färbens** und **Gerbens**. Es muß hier von vornherein gesagt werden, daß noch vieles von diesen Vorgängen theoretisch nicht erfaßt werden kann, ja, daß kaum Aussicht besteht, eine für alle Färbverfahren gültige Theorie ausfindig zu machen. Dies erhellt einmal aus der Verschiedenheit der zu färbenden Faser — vegetabilische (Baumwolle) einerseits und tierische (Wolle und Seide) andererseits, von Kunstfasern abgesehen — dann aber auch aus der Verschiedenheit der Farbstoffe selbst und der Bedingungen, unter denen sie echte Färbungen erzeugen.

Der primäre Vorgang muß allemal einer sein, der auf der Faser eine höhere Konzentration des Farbstoffs erzeugt als in der Lösung. Der Versuch *Witts*, dies durch eine einfache höhere Löslichkeit in der Fasersubstanz und dementsprechende Verteilung zu erklären, muß in dieser Form wohl als verlassen gelten, weil die Anreicherung hierfür zu wenig umkehrbar ist, und vor allem, weil sie im allgemeinen nach denselben Gesetzen erfolgt wie etwa die Adsorption von Gasen an Kohle. Dem mikroskopischen Befund nach muß man ja Baumwolle sowohl als Wolle und Seide als sehr fein verteilte Stoffe großer Oberfläche, also als kolloide Systeme, auffassen, und dementsprechend wird ihre Oberfläche ein starkes Adsorptionsvermögen besitzen. Seit uns die Röntgenstrahlenanalyse gelehrt hat, daß die Atomgruppen in den Fasern in der Längsrichtung geordnet sind (Faserstruktur, s. S. 50), kommt dazu noch die Möglichkeit, daß Farbstoffmolekeln auch in die Zwischenräume dieser Einzelfasern oder Atomketten eindringen und dort durch den Adsorptionskräften verwandte Wirkungen festgehalten werden.

Diese rein physikalischen Betrachtungen reichen jedoch bei weitem nicht aus, um alle Tatsachen zu erklären. Warum haften z. B. manche Farbstoffe auf Baumwolle gut, auf tierischer Faser dagegen schlecht oder, was bei weitem häufiger ist, umgekehrt? Wir kommen da einen Schritt weiter durch Heranziehen der Austauschadsorption, die ja der chemischen Eigenart des Adsorbens Rechnung trägt. Bei der Baumwolle mit ihrer alkoholartigen Konstitution ist ein Austausch im allgemeinen wohl weniger zu erwarten als bei Wolle und Seide. Hier scheint der wirksame Bestandteil die Lanuginbzw. Sericinsäure zu sein, Aminosäuren, die als solche in die Lösung sowohl H· - als OH′-Ionen abgeben können, also amphoter reagieren. Im Austausch für diese abgegebenen Ionen können dann Farbstoffe an der Oberfläche durch eine Art Esterbildung gebunden werden. So erklärt sich auch, daß diese tierischen Fasern sowohl saure als basische Farbstoffe adsorbieren können.

In Fällen, wo das Adsorptionsvermögen der Faser selbst überhaupt nicht ausreicht, eine substantive Färbung also nicht möglich ist, hilft man sich durch Beizen, d. h. man fällt auf der Faser zunächst einen amorphen Niederschlag aus, der durch die solchen Fällungen eigene lockere Struktur mit großer Oberflächenentwicklung seinerseits in der Lage ist, Farbstoffe zu adsorbieren. Auch hier haben sich amphotere Stoffe, wie Aluminiumhydroxyd auf Baumwolle oder Zinnsäure auf Seide, als besonders allgemein anwendbar erwiesen.

In sehr vielen Fällen bleibt aber immer noch die Frage offen, wodurch die Färbung „echt", d. h. nichtumkehrbar, wird, und zwar besonders bei der substantiven Baumwollfärberei, wo bisher nur einfache Adsorption betrachtet wurde. Hier muß nun angenommen werden, daß in der Faser noch sekundäre Veränderungen mit dem Farbstoff vor sich gehen, die ihn unlöslich machen. Es kann sich da einerseits wieder um eine kolloidchemische Reaktion handeln, nämlich eine Koagulation des Farbstoffs zu größeren Teilchen, die nun nicht mehr aus der Faser herausdiffundieren können. Im allgemeinen wird man aber hier nicht ohne die Annahme chemischer Veränderungen unter Bildung unlöslicher Verbindungen auskommen. Das bekannteste und prägnanteste Beispiel für solche Vorgänge bietet die Küpenfärberei, wo nachträglich in der Faser die adsorbierte Leukoverbindung zu dem unlöslichen Farbstoff oxydiert wird. Außer solchen Oxydationen durch den Luftsauerstoff können noch Reaktionen mit der Faser selbst, Wasserabspaltung u. ä. in Frage kommen. Bei der gewaltigen Mannigfaltigkeit der Farbstoffe lassen sich da natürlich keine allgemeinen Regeln aufstellen, jedoch haben in neuerer Zeit Messungen der Lichtabsorption das Vorliegen solcher chemischer Änderungen erwiesen. Insbesondere auf Wolle und Seide, jedoch auch auf Baumwolle zeigte sich, daß der auf der Faser ausgeschiedene Farbstoff ein anderes Absorptionspektrum besaß als der gleiche Körper in Lösung. Im Sinne unserer Betrachtungen im vorigen Kapitel spricht das für eine chemische Veränderung in der Farbstoffmolekel oder doch für einen tiefen Eingriff in dieselbe durch die bindenden Kräfte der Oberfläche.

Nach dieser ausführlichen Besprechung der Färberei können wir uns hinsichtlich der Gerberei verhältnismäßig kurz fassen. Auch hier handelt es sich ja darum, einen chemischen Körper, der ihr gewisse Eigenschaften verleihen soll, auf der Faser, hier der Hautfaser, zu fixieren. Die Eigenschaft, die der Gerbstoff der Haut mitteilt, ist die der Nichtquellbarkeit. Über die Vorgänge bei der Aufnahme des Gerbstoffs sind wir, wenigstens dem Prinzip nach, trotz des lauten Streits der Meinungen, einigermaßen unterrichtet, über die geforderte Wirkung des Gerbstoffs jedoch kaum. Wir wissen nämlich noch recht wenig über die Natur des „Quellens“ überhaupt. Gewisse Stoffe, wie Gelatine, Kieselsäure u. a., vermögen unter Volumvermehrung große Mengen Wasser aufzunehmen, ohne doch ihren Zusammenhalt zu verlieren, d. h. in Lösung zu gehen. Über die Frage, ob dabei das Wasser zwischen die einzelnen Molekeln eingelagert wird (intermolekulare Quellung), oder zwischen größere Molekelkomplexe oder Kolloidteilchen (intermicellare Quellung, von Micelle = Kolloidteilchen beliebiger, auch chemisch uneinheitlicher Zusammensetzung), ist trotz großer und aussichtsreicher Fortschritte in neuester Zeit noch keine eindeutige Entscheidung gefallen, ja nicht einmal darüber, ob bei so hochmolekularen Gebilden, wie sie die quellbaren Stoffe darstellen, eine solche überhaupt sinnvoll zu geben ist.

Auch Eiweißkörper, unter ihnen diejenigen des Coriums, der Lederhaut, haben das Vermögen, zu quellen. Deshalb wird die ungegerbte Haut im Wasser oder feuchter Luft gallertig, leicht zerreißbar und geht überdies in Fäulnis über. Wie man nun durch Alaunzusatz zum Waschwasser photographische Schichten entquellen (härten) kann, so nehmen die Gerbstoffe, unter ihnen wieder auch der Alaun, der Haut die Fähigkeit, zu quellen, und man erhält das, was man Leder nennt, in dem der Zustand der lebenden Haut nach Möglichkeit konserviert ist, nämlich ein eng verfilztes, jedoch geschmeidiges Gewebe einzelner getrennter und regellos gelagerter Hautfasern, die durch Wasser nicht mehr gequollen werden können. Wie der Gerbstoff das macht, wissen wir, wie gesagt, nicht. Es scheint irgendwie mit der unten zu besprechenden fällenden Wirkung auf Kolloide zusammenzuhängen. Daß aber die Adsorption des Gerbstoffs an der zu gerbenden Hautfaser ein der Färberei, besonders der Woll- und Seidenfärberei sehr verwandter Vorgang ist, steht wohl fest. Die Aminosäuren des Hauteiweißes vermögen halbchemisch saure oder basische Stoffe, wie Metallhydroxyde (Al, Cr), oder Gerbsäuren zu adsorbieren, genau wie Wolle saure oder basische Farbstoffe. Die Vulkanisation des Kautschuks scheint übrigens auch ein ganz ähnlicher Vorgang zu sein.

Ein kolloidchemisches Verfahren, das auf Verschiedenheiten der Grenzflächenspannung beruht und in der Technik immer mehr Eingang gewinnt, ist die Schwimmaufbereitung oder Flotation von Erzen. Insbesondere Sulfide, die soviel Gangart enthalten, daß eine direkte Aufarbeitung nicht möglich oder nicht lohnend wäre, lassen sich auf diesem Wege anreichern. Die Ausführungsformen und Einzelvorschriften sind sehr zahlreich, der Grund-

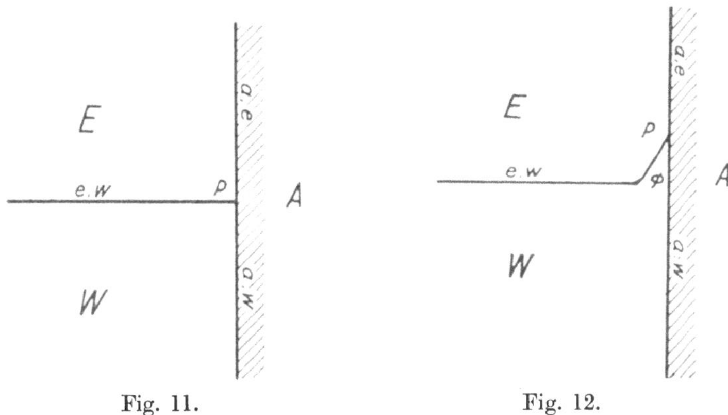

<table><tr><td>Fig. 11.</td><td>Fig. 12.</td></tr></table>

vorgang ist der, daß das fein vermahlene Erz mit einer Öl-Wasser-Emulsion innig gemengt wird. Bei der Entmischung steigt dann das Sulfid mit dem Öl an die Oberfläche, während die Gangart (Quarz) nach unten sich absetzt. Die zugrunde liegende Erscheinung ist, von einigen Komplikationen und Verfeinerungen abgesehen, folgende: Denkt man sich (Fig. 11) einen festen Körper A in Berührung mit einer wässerigen Flüssigkeit W und einer Ölschicht E, so wirken auf die Berührungslinie (in der Schnittfigur Punkt P) drei Kräfte:

Die Grenzflächenspannung Krystall-Wasser a, w sucht die Berührungsfläche dieser beiden Phasen zu verringern, also P nach unten zu verlegen, die Grenzflächenspannung Krystall-Öl, a, e, wirkt in derselben Weise nach oben, und die Grenzflächenspannung der beiden Flüssigkeiten, e, w, nach links; sie ist im allgemeinen die kleinste der drei Kräfte. Die tatsächliche Verschiebung von P erfolgt nun so, daß die gesamte Oberflächenenergie des Systems ein Minimum wird. Es stellt sich ein Randwinkel φ ein, so daß die auf P in der Bewegungsrichtung (in der festen Oberfläche) wirkenden Kräfte in Summa 0 sind (Fig. 12):

$$(a, w) + (e, w) \cos \varphi = (a, e)$$

oder

$$\cos \varphi = \frac{(a,\,e) - (a,\,w)}{(e,\,w)}.$$

Ist, wie in der Figur, a,e über a,w überwiegend, so wird $\cos \varphi$ positiv, das Wasser bildet einen konkaven Meniscus; im umgekehrten Falle, wie leicht einzusehen, einen konvexen. Ist aber $(a,e) - (a,w)$, die Differenz der Grenzflächenspannungen am festen Körper, gleich oder größer als e,w, so wird $\cos\varphi \geqq 1$, d. h. $\varphi = 0°$. Das bedeutet, daß das Wasser den ganzen Krystall benetzt und das Öl abgedrängt wird. Ist nun aber sowohl $(a,w) > (a,e)$ als auch $(a,w) - (a,e) \geqq (e,w)$, so wird $\cos\varphi \leqq 1$, d. h. $\varphi = 180°$, und das Öl benetzt den festen Körper unter Verdrängung des Wassers. In der Technik kommt es nun darauf an, je nach Erz und Gangart eine wässerige Flüssigkeit und ein Öl mit solchen Grenzflächenspannungsverhältnissen zu wählen, daß das Öl das Erz und das Wasser die Gangart völlig benetzt. Es mögen nun bei der Entmischung der Emulsion ein Erz- und ein Gangartteilchen nebenein-

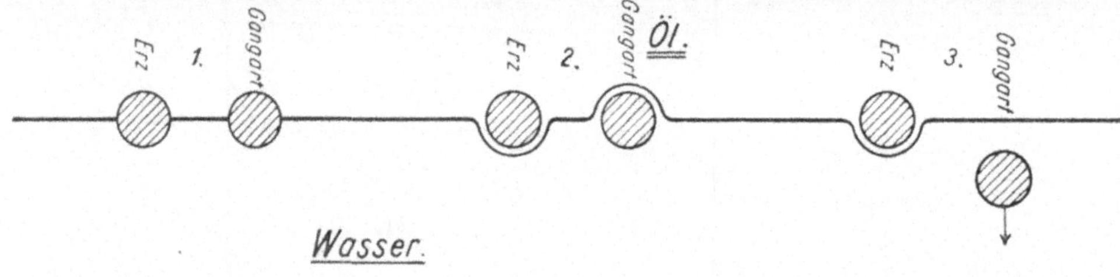

Fig. 13.

ander in der Grenze Öl-Wasser liegen. Nach dem oben Auseinandergesetzten wird sich Folgendes abspielen (Fig. 13):

Man sieht schematisch, daß sich die Gangart im Wasser absetzt, während das Erz die Grenze nicht zu durchdringen vermag und auf diese Weise in der Ölschicht angereichert wird. Es gelingt auf diese Weise, 2 proz. Erze bis auf 90 proz. anzureichern, die nun röstfähig sind. Das Öl wird abgepreßt und wieder verwandt.

Trennende Kräfte.

Bislang haben wir nur die teilchenvergrößernd wirkenden Oberflächenkräfte in ihren technischen Auswirkungen verfolgt. Im Sinne unserer obigen Charakterisierung des kolloiden Zustandes als eines Gleichgewichtszustandes bleibt noch die Frage offen nach den Kräften, die die Teilchenvereinigung verhindern und so den kolloiden Zustand nach der anderen Seite hin, gegen die Ausflockung, stabilisieren. Es wurde schon angedeutet, daß diese Kräfte elektrischer Natur sind. Zwei Teilchen, die an ihren Oberflächen gleichnamige Ladungen tragen, werden sich bei Annäherung über einen bestimmten Abstand hinweg abstoßen müssen, da die elektrostatischen Kräfte der freien Ladungen dann die Oberflächenspannung, d. i. die Restfelder größtenteils abgesättigter Ladungen überwiegen. Der Ursprung dieser Ladungen ist die Adsorption der Ionen aus der umgebenden Lösung, oder aber ein Ion oder mehrere Ionen, die zum Aufbau des Kolloidteilchens von vornherein wesentlich gehören. Das erste ist z. B. der Fall bei den durch Erzeugung an sich schwerlöslicher Neutralsalze entstandenen Kolloidteilchen. Sie tragen die Ladung des im Überschuß vorhandenen Ions. So trägt kolloides Jodsilber, durch überschüssiges Jodkalium gefällt, negative, durch überschüssiges Silbernitrat gefällt, positive Ladung. In Seifenlösungen dagegen haben wir den Fall, daß ein Ion dem kolloiden Teilchen wesentlich angehört. Seife, als Natriumsalz einer Fettsäure, ist in wässeriger Lösung teilweise in Na^+ und Fettsäure-Anion$^-$ gespalten. Kolloid werden die Seifenlösungen nun dadurch, daß die vorhandenen Fettsäureanionen sich mit einer größeren Anzahl neutraler Seifenmolekeln umgeben, bis kolloide Teilchen entstanden sind, die sich wegen der Ladung des oder der zentralen Anionen elektrostatisch abstoßen und daher nicht ausflocken.

Wenn diese Anschauungen richtig sind, muß das kolloide Teilchen im elektrischen Felde wandern können. Denn die Ionen, die es adsorbiert enthält, fehlen naturgemäß der Lösung, da das ganze System elektrisch neutral sein muß. Die Micelle trägt also das entgegengesetzte Vorzeichen der Ladung wie die Lösung und wird sich daher bei Anlegen einer Spannung relativ zur Lösung verschieben, und, wenn die Lösung relativ zu den Elektroden fest ist, wie in einem gewöhnlichen Elektrolysengefäß, auch relativ zu den Elektroden. Diese Forderung unserer Auffassung wird nun tatsächlich beobachtet in dem Vorgang der Kataphorese, d. i. Teilchentransport im elektrischen Felde. Zum Beispiel kann man das obenerwähnte Jodsilber je nach seiner Ladung an einer der beiden Elektroden zur Abscheidung bringen.

Kataphoretischer Transport bzw. kataphoretische Ausscheidung werden z. B. in der Tonindustrie zur Erzielung sehr bildsamer Tone geringer und gleichmäßiger Korngröße angewandt, zur Reinigung von Leim u. ä. Technisch von größerer Wichtigkeit ist der Fall, daß die disperse Phase infolge halbfester, netzartiger Struktur relativ zu den Elektroden festliegt; in diesem Fall muß eine Abwanderung des Dispersionsmittels nach der entgegengesetzt geladenen Elektrode hin eintreten. Dieser Vorgang heißt Elektroosmose. Von den verschiedenen Reinigungsverfahren der Technik, die, auf diese Erscheinung basierend, versucht worden sind (z. B. die Befreiung der Gelatine von Eiweiß) hat nur die Torfentwässerung größeres Interesse, wenn auch wegen der hohen Stromkosten keine weitere Verbreitung gefunden. In einem Holzkasten, dessen Netzboden die Kathode bildet, wird das Wasser durch eine angelegte Spannung von einigen hundert Volt aus dem Torfbrei zum Abtropfen gebracht. Auch durchlochte Elektroden sind in Gebrauch.

Wenn nun die Oberflächenladung der kolloiden Teilchen der Grund für ihre Beständigkeit in der Lösung ist, so ist zu erwarten, daß Ausflockung dann eintritt, wenn man ihnen Gelegenheit gibt, durch Adsorption entgegengesetzt geladener Ionen diese Ladung zu neutralisieren. Sobald diese Neutralisation vollkommen ist — am sog. isoelektrischen Punkt —, muß dann das Sol koagulieren. Das ist in der Tat der Fall, und zwar zeigt sich auch, wie zu erwarten, daß im allgemeinen mehrwertige Ionen in gleicher Konzentration eine stärkere ausflockende Wirkung ausüben als einwertige. Bei gleicher Zahl adsorbierter Ionen neutralisieren sie ja ein Mehrfaches der Ladung. Von diesem Vorgang des „Aussalzens" macht z. B. seit alters, früher unbewußterweise, die Seifensiederei Gebrauch. Aus der durch Zusammenkochen von Fett und Natronlauge entstandenen Lösung, die neben wenigen Na^+-Ionen, OH^--Ionen und Glycerin die oben beschriebenen negativ geladenen Seifenmicellen enthält, flockt man letztere aus, indem man ihnen in Form von Kochsalz einen Überschuß von Na^+-Ionen zur Adsorption darbietet, so daß der isoelektrische Punkt erreicht wird. Jetzt trennt sich der „Seifenkern" von der alle übrigen genannten Stoffe enthaltenden „Unterlauge". Auch die Farbstoffindustrie bedient sich des gleichen Vorgangs zur präparativen Abscheidung kolloider Farbstoffe.

Es ist auch umgekehrt der Vorgang bekannt, daß ein neutrales Gel durch Aufnahme von Ladungen aus einem Elektrolyten in eine kolloide Lösung übergeht, „peptisiert" wird. Als Beispiel sei der gießbare Ton erwähnt, den man durch Behandeln von Ton mit Natronlauge erhält, und der einen großen Fortschritt insbesondere bei der Herstellung großer Stücke, wie Glasschmelzhäfen usw., bedeutet.

Wie gleichnamige Ladung das Zusammentreten der Teilchen behindert, so ruft ungleichnamige es hervor, d. h. entgegengesetzt geladene Kolloide fällen sich gegenseitig aus. Man macht hiervon bei der Reinigung der städtischen Abwässer eine interessante Anwendung: Die in ihnen enthaltenen fäulnisfähigen organischen Verunreinigungen sind zum großen Teil Kolloide negativer Ladung; Zusatz von Eisenhydroxydsol, dessen Teilchen positive Ladung tragen, auch von Aluminiumhydroxydsol, bewirkt daher eine Klärung und Reinigung des Wassers, indem beide Kolloide als Neutralteile gemeinsam ausfallen.

Von Wichtigkeit ist noch der Fall, daß ein Kolloid ein anderes, an sich wenig beständiges, vor dem Ausflocken schützt, wenn man es zusetzt. Wir kennen eine Reihe von Kolloiden, die eine besondere Stabilität und auch Unempfindlichkeit gegen flockende Elektrolytzusätze besitzen, vermutlich wegen ihrer außerordentlich geringen Teilchengröße und weil die Teilchen von festhaftenden Wassermolekeln umgeben sind. Zu diesen „hydrophilen" Kolloiden gehören die Lösungen der meisten quellbaren Stoffe, wie Stärke, Eiweiß, Gelatine, Agar-Agar u. a. Ihr Zusatz vermag nun anderen „hydrophoben" Kolloiden diese Beständigkeit mitzuteilen, sie wirken als „Schutzkolloide". Der Mechanismus ist vielleicht in einer Art Einhüllung der hydrophoben Teilchen zu suchen. Das große Anwendungsgebiet dieser Erscheinung sind die kolloiden Arzneimittel, insbesondere Quecksilber- und Silbersole mit organischen Aminosäuren als Schutzkolloiden (Kollargol, Hyrgoferment u. a.).

Den durch Koagulation einer kolloiden Lösung entstandenen Niederschlag nennen wir ein Gel, speziell den aus hydrophilen Solen ein Gel im engeren Sinne. Die besondere Struktur der Gele verleiht ihnen oft ganz besondere mechanische Eigenschaften, die ihre große technische Wichtigkeit bedingen. Die Bildsamkeit des Tons, die Elastizität des Kautschuks[1], die Festigkeit von Mörtel, Leim und Kunstseide sind bedingt durch eine besondere Anordnung (vielleicht eine Art Verfilzung) besonders geformter Einzelteilchen. Auf diesem Gebiet sind die Untersuchungen noch in vollem Fluß (s. a. S. 51f.).

Wir sehen in der Kolloidchemie ein Forschungsgebiet vor uns, das, so jung und unabgeschlossen es ist, doch in jedem seiner Zweige die engsten Zusammenhänge mit der Technik aufweist, teils indem es sein Tatsachenmaterial längst bekannten technischen Vorgängen und Erzeugnissen verdankt, teils indem es durch wissenschaftliche Erkenntnis der Technik wertvolle Fortschritte und Erweiterungen beschert hat.

---

[1] Über diesen Fall Genaueres im nächsten Kapitel.

Kapitel III.

Aggregatzustände.

Wir haben in den kolloiden Systemen gesehen, wie die intermolekularen Kräfte bestrebt sind, aus Molekeln größere Komplexe, Tröpfchen oder Kryställchen, zu bilden. Wenn nun aber diesem Bestreben einzig und allein von den besprochenen elektrostatischen Kräften das Gleichgewicht gehalten würde, so hätten wir, wie leicht einzusehen, in der Natur nur Kolloide oder, wo die elektrischen Oberflächenkräfte fehlen, Flüssigkeiten und feste Körper vor uns. Die Tatsache, daß es auch Gase gibt, verlangt die Aufsuchung einer noch andersartigen Gegenwirkung gegen die Molekularattraktion, einer Wirkung, die schon die Einzelmolekeln eines Gases oder einer Lösung im Zusammentritt zu kondensierten Phasen (auch eine kolloide Lösung muß schon als zweiphasisch betrachtet werden!) hemmt. Eine solche Wirkung haben wir in der Molekularbewegung, der Wärme, vor uns. Am absoluten Nullpunkt (—273,2° C) kann man tatsächlich erwarten, daß nur feste und flüssige Phasen vorhanden sind, ja, man hat sich diesem Zustand weitgehend experimentell angenähert. Die Wärmebewegung ermöglicht zwar erst den Gasmolekeln (Lösungen, in denen die gleichen Gesetze gelten, lassen wir zunächst beiseite), an die feste Grenzfläche zu gelangen, wo sie von den Molekularkräften festgehalten werden, d. h. bei Annäherung an den absoluten Nullpunkt wird die Kondensationsgeschwindigkeit Null. Andererseits reißt aber die Wärmebewegung des Kondensats immer wieder Molekeln von der Oberfläche los in den Gasraum zurück — Verdampfung. Ist die Temperatur so niedrig, daß auf diese Art weniger Molekeln pro Sekunde verdampfen, als an der Oberfläche eintreffende festgehalten werden, so wächst die kondensierte Phase auf Kosten des Gases solange, bis das Gas so verdünnt geworden ist, daß nur noch soviel Molekeln an der Oberfläche eintreffen, daß ihr festgehaltener Bruchteil gleich der in der gleichen Zeit losgerissenen Zahl geworden ist — Sättigung. Daß wir bei der Bildung kolloider Systeme diese Gegenwirkung des Losreißens durch Wärmebewegung vernachlässigen durften, liegt nun eben daran, daß wir uns dort stets praktisch am absoluten Nullpunkt befinden, d. h. in einem Gebiet, wo die Konzentration freier Molekeln in Gas bzw. Lösung verschwindet. Gold in Glas, Fett in Wasser, Erz in Öl sind ja nur sehr wenig molekular löslich.

Gase.

Wir wollen nun zunächst im Licht dieser kinetischen Auffassung die Gesetze in einem Gase betrachten, das so verdünnt ist, daß sich Kondensat nicht bildet bzw. schneller verdampft als gebildet wird. Dann werden wir dazu übergehen, bei größerer Gasdichte die Kondensationserscheinungen einzuführen. Wir werden auf unserem Wege wichtige Anwendungsmöglichkeiten dieser Gesetze für die Technik vorfinden.

Denken wir uns zunächst ein würfelförmiges Gefäß von 1 cm Kantenlänge, in dem N Molekeln von je der Masse m enthalten seien. Sie schwirren darin herum mit Geschwindigkeiten, die nach Zufallsgesetzen verteilt sind, und deren quadratischer Mittelwert $\bar{u}$ betrage. Sie stoßen nach verschieden langen freien Weglängen einmal miteinander, einmal mit den Gefäßwänden zusammen. Eine Überlegung, die wir hier nicht wiedergeben können, lehrt nun, daß man den Fall so behandeln kann, als ob die Molekeln nie miteinander zusammenstoßen, sondern frei von einer Wand zur gegenüberliegenden fliegen, und zwar stets nur in den drei Richtungen senkrecht zu den Wänden, und alle mit der gleichen Geschwindigkeit $\bar{u}$.

Wir wollen nun den Druck des Gases ausrechnen, den es unter diesen Voraussetzungen auf die Wände ausübt. Kraft ist Masse · Beschleunigung oder, da Beschleunigung = Geschwindigkeit pro Sekunde: Impuls pro Sekunde. Druck ist Kraft pro qcm Wandung oder Impuls pro Sekunde und qcm. Betrachten wir eine Wand des Gefäßes, die ja gerade 1 qcm groß ist. Auf sie stoßen nur $\dfrac{N}{3}$ Molekeln, da die anderen in anderen Richtungen fliegen. Eine Molekel, die die Wand mit dem Impuls $+\,m\,\bar{u}$ trifft, verläßt sie mit dem Impuls $-\,m\,\bar{u}$, gibt also der Wand den Impuls $2\,m\bar{u}$. Zwischen zwei Stößen legt die Molekel 2 cm zurück (nämlich bis zur gegenüberliegenden Wand und zurück), also stößt sie unsere Wand bei einer Geschwindigkeit $\bar{u}$ $\dfrac{\bar{u}}{2}$ mal pro Sekunde, gibt ihr also den Impuls $2\,m\,\bar{u}\cdot\dfrac{\bar{u}}{2}=m\,\bar{u}^2$ pro Sekunde. Berücksichtigen wir alle $\dfrac{N}{3}$ Molekeln, die in Frage kommen, so erhalten wir den Druck:

$$p = \frac{N\,m\,\bar{u}^2}{3}.$$

Hat der Würfel die Kantenlänge a, so ist die Kraft auf einer Seitenfläche durch a^2 zu dividieren, und der Weg zwischen zwei Stößen wird $2a$, die Zahl der Stöße einer Molekel pro Sekunde $\dfrac{\bar{u}}{2a}$, und wir erhalten, wenn N jetzt die Zahl der Molekeln in den a^3 cm³ ist:

$$p = \frac{N\,m\,\bar{u}^2}{3\,a^3}.$$

Beziehen wir uns auf ein Mol, so wird $a^3 = v$ das Molvolumen, und $N = N_0$ die *Loschmidt*sche Zahl. Wir erhalten:

$$p v = \frac{N_0}{3}\, m\,\bar{u}^2.$$

Nun ist $\frac{N_0}{2}\, m\,\bar{u}^2$ die gesamte kinetische Energie aller Molekeln, oder mangels anderer Energiespeicher[1] die Gesamtenergie des Mols Gas, ein Maß für die abs. Temperatur T.

Wir können also setzen:

$$\frac{N_0}{2}\, m\,\bar{u}^2 = \gamma\, T$$

und
$$p v = \tfrac{2}{3}\,\gamma\, T\,.$$

Für die Konstante $\tfrac{2}{3}\,\gamma$ pflegt man R zu schreiben, dessen Zahlenwert man experimentell aus dem Temperaturkoeffizienten von $p v$ bestimmen kann. Er hängt nur von der gewählten Größe der Temperatureinheit („Grad") ab. Wir kommen so zu der bekannten **Gasgleichung**

$$\boldsymbol{p v = R T.}$$

Da nun R bei Celsiuszählung 0,0082 Liter · Atm/Grad und das Molvolum aller Gase bei $0°$ 22,4 l beträgt, ergibt sich, daß alle Gase (alle, weil spezielle Annahmen nicht gemacht wurden), sich pro Grad um $\frac{1}{273}$ ihres Volums bei $0°$ ausdehnen. Ferner ergibt sich, daß alle Gase pro Atmosphäre Druckerhöhung ihr Volum um

$$\frac{d v}{d p} = \frac{d\left(\dfrac{R T}{p}\right)}{d p} = -\frac{R T}{p^2} \quad \text{Liter verkleinern, also um so weniger, je höher}$$

der Druck (Fig. 14,I).

Diese Gleichung gibt uns einen Anhalt, wie weit man mit technischen Mitteln Gase komprimieren kann. Bekanntlich hat die Industrie ein großes Interesse an **komprimierten Gasen** zu Transportzwecken. Sauerstoff und Wasserstoff zum Autogenschweißen und -schneiden, Wasserstoff zum Hydrieren, Stickstoff, Methan, Äthylen, Edelgase und andere Gase kommen zu verschiedenen Zwecken im komprimierten Zustand in den Handel, weil nur so bei Zimmertemperatur gemäß der Gasgleichung vernünftige Substanzmengen in vernünftigen Räumen verpackt und versandt werden können. Dazu kommen die Fälle, wo der Druck des Gases als solcher nutzbar gemacht werden soll, wo also die Druckbombe als transportabler Energieakkumulator dient: Drucklufthammer usw. 1 Mol Gas nimmt, wie man leicht berechnet, unter 200 Atm und Zimmertemperatur nur noch 125 ccm ein, so daß man in einem 40 l-Zylinder schon 320 Mol, d. i. rund 10 kg Sauerstoff, Stickstoff oder Luft oder 0,6 kg Wasserstoff versenden kann. Wir werden gleich sehen, daß diese Möglichkeiten sich noch verbessern durch Berücksichtigung der **Molekularattraktion.**

---

[1] Es läßt sich zeigen, daß auch bei Vorhandensein anderer Energiespeicher (innere Energie der Molekelnrotation und -schwingung) in unserem Gebiet die kinetische Energie ein proportionales Maß der Gesamtenergie oder Temperatur bleibt, da eine **Gleichverteilung** auf alle Energieformen („Freiheitsgrade") statthat.

Verflüssigung.

Es ist klar, daß unsere Gasgleichung eine glatte Kurve liefert (Fig. 14, I), d. h. nehmen wir die Füllung einer Sauerstoffbombe auf einer Wage und an einem Manometer vor, so wird Gewicht und Druck kontinuierlich steigen, bis wir wegen Erreichung des vorgeschriebenen Füllungsdrucks den Versuch abbrechen. Anders, wenn wir Kohlendioxyd einfüllen: Der Druck steigt zunächst, ähnlich wie es unsere Gleichung erwarten läßt, mit steigender Füllung an, um dann bei etwa 60 Atm plötzlich stehnzubleiben, trotzdem wir noch sehr große Substanzzufuhren an der Wage ablesen. Hier ist eben Verflüssigung eingetreten, und wir pumpen die weitere Kohlensäure in die Flüssigkeit hinein, deren Spiegel in der Bombe ansteigt. Würden wir ihn bis an den Kompressorkolben steigen lassen, so würde erst dann wieder, ebenso plötzlich, der Druck ansteigen, weil wir nun auf die schwer komprimierbare Flüssigkeit drücken.

Von diesen Erscheinungen gibt unsere Gleichung mit ihrer glatten Kurve nichts wieder. Das kann sie auch nicht; denn die Verflüssigung wird, wie gesagt, von der Molekularattraktion besorgt, und die steckt in der Ableitung nicht drin. *Van der Waals* hat nun eine Gleichung angegeben, die ein Zusatzglied enthält, das diese Anziehung berücksichtigt. Sie macht sich in der Weise geltend, daß das Gas eine Art Oberflächenspannung besitzt, d. h. der Druck nach außen hin verringert wird. Die gegen die Wand hin fliegenden Molekeln müssen ja die sie anziehenden übrigen hinter sich lassen und sich an die

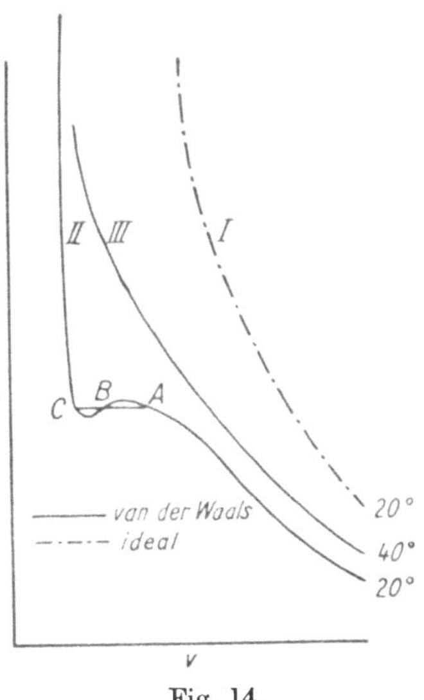

Fig. 14.

Grenze des Gases begeben, jenseits von der keine anziehenden Molekeln mehr vorhanden sind. Dadurch verlieren sie an Geschwindigkeit oder Impuls, und der Impuls, den die Wand erfährt, der meßbare Druck, wird geringer als der Druck im Innern des Gases. Die Druckkorrektur nach *van der Waals* hat die Form $\dfrac{a}{v^2}$, ist also volumabhängig. In die Zustandsgleichung geht nun der wahre Druck im Innern $\left(p_{\text{gemessen}} + \dfrac{a}{v^2}\right)$ ein.

In der Nähe der Kondensation haben wir weiter zu berücksichtigen, daß der den Molekeln zum Herumfliegen verfügbare Raum in diesem Gebiet in prozentual merklicher Weise verringert wird durch das Eigenvolumen der N_0 Molekeln (4 b). Wir kommen so zu:

$$\left(p + \frac{a}{v^2}\right)(v - b) = R\,T.$$

Die Kurve, die zu dieser Gleichung gehört, ist in der Fig. 14 ausgezogen (II) eingezeichnet. Beginnen wir bei großen Gasvolumina, also am rechten Ende der Figur. Wir sehen, daß wir dank der Unterstützung durch die Molekularanziehung schon mit geringeren Drucken die gleiche Kompression erreichen können wie nach der (strichpunktierten) „idealen Gasgleichung“ $pv = RT$ (I). Dann macht sich aber die Volumkorrektion b bemerkbar, und die Kurve wird steiler. [Dies Gebiet betreten wir bei Gasen wie O_2, N_2 nicht, da wir bei höherer Temperatur (Kurve III) sind.] Das Gebiet der Kondensation, das wir oben durch Druckkonstanz gekennzeichnet fanden, ist nun durch die Gerade ABC gekennzeichnet, die das nicht realisierbare Kurvenstück ABC der *van der Waals*schen Gleichung ersetzt. Das Volumen bei A ist das des gesättigten Dampfs, das Volumen bei C das der Flüssigkeit. Von hier ab befinden wir uns auf der Volumkurve der Flüssigkeit, die, wie man auf der Figur leicht abliest, infolge des Eigenvolums b („unkomprimierbares Volumen“) viel weniger kompressibel $\left(\text{steile Kurve, kleines } \dfrac{dv}{dp}\right)$ ist, als ein ideales Gas (I) unter gleichem Druck wäre. Von Wichtigkeit ist für uns, daß die Tatsache der Verflüssigung durch Druck bei einer ganzen Reihe von Handelsgasen — SO_2, NH_3, Cl_2, CO_2, N_2O — Einfüllen sehr großer Mengen in Stahlflaschen ermöglicht. Man extrapoliere nur in der Figur aus I, welchen Druck man brauchte, um ein ideales Gas auf das Volumen bei C zusammenzupressen!

Wir haben bisher das Verhalten des Gases bei konstanter Temperatur betrachtet. Bedenken wir nun, daß eine ganze Schar derartiger Kurven — Isothermen — sich mit steigenden Temperaturen übereinander anordnet, so ist einleuchtend, daß die Gerade AC mit fallender Temperatur zu immer geringeren Drucken rückt, d. h. Temperaturerniedrigung erleichtert die Verflüssigung. Davon macht die Technik natürlich Gebrauch, und wir werden bald (S. 68) sehen, daß es ein einfaches und interessantes Mittel gibt, um das Gas selbst die Abkühlung besorgen zu lassen.

Mit steigender Temperatur rückt die Gerade AC, deren Länge den Volum-(Dichte-)Unterschied zwischen Flüssigkeit und Dampf angibt, nicht nur aufwärts, sie wird auch kürzer, um bei einer gewissen, für jedes Gas charakteristischen Temperatur auf einen Punkt zusammenzuschrumpfen. Hier sind Flüssigkeit und Gas identisch geworden, und oberhalb dieser Temperatur gibt es überhaupt, auch bei noch so hohen Drucken, keine Kondensation (Kurve III) mehr. Man nennt diesen Übergangspunkt den kritischen Punkt. Sein Vorhandensein erklärt es, warum wir in eine Stahlflasche mit Sauerstoff, Stickstoff, Wasserstoff, Methan Gas, in eine solche mit Kohlensäure, Ammoniak, Schwefeldioxyd, Chlor aber Flüssigkeit einfüllen. Bei den zuerst genannten Gasen liegt die Zimmertemperatur, bei der wir die Bomben handhaben, eben oberhalb der kritischen Temperatur, und Flüssigkeit ist nicht mehr existenzfähig (Kurve III). Es mag noch bemerkt werden, daß unsere *van der Waals*sche Gleichung alle diese Verhältnisse qualitativ wiedergibt, daß aber die zahlenmäßige Übereinstimmung in vielen Fällen zu wün-

schen übrigläßt. Zum Zweck genauerer Berechnungen (auch z. B. für Dampf-
maschinen) existiert eine Reihe von modifizierten Gleichungen meist ähnlichen
Charakters.

Flüssigkeiten.

Wenden wir uns nunmehr den Eigenschaften der Flüssigkeiten zu. Ihre
sehr geringe Kompressibilität haben wir schon kennengelernt. Sie beruht auf
der großen Nähe der Molekeln, wo die elektrostatische Abstoßung der Elek-
tronenhüllen und deren Widerstand gegen allzu große Formveränderung
schon merkbar sind. In allererster Näherung drückt dies die *van der Waals*sche
Gleichung durch ein starres „unkomprimierbares" Eigenvolumen 4 b aus.
Der Unterschied, den die schulmäßige Definition zwischen Flüssigkeiten und
Gasen in dem Widerstand gegen Volumänderungen sieht, ist also mehr quantitativ aufzufassen. Noch weniger scharf ist die Abgrenzung gegen den festen
Zustand an Hand des Widerstandes gegen Formveränderungen. Dieser kann
auch bei Flüssigkeiten recht erhebliche Werte annehmen, die wir in Form
der „inneren Reibung" messen. Neben „leichtbeweglichen" Flüssigkeiten,
wie Äther oder Wasser, kennen wir ja auch die zähen Teere, den bei mäßiger
Temperatur recht harten Asphalt und andere Harze, sogar das spröde Glas
müssen wir zu den Flüssigkeiten zählen. Wir werden bald ein anderes Unter-
scheidungsmerkmal kennenlernen, das erheblich schärfer ist: die Regelmäßig-
keit der Molekelanordnung.

Den Fall, daß ein Stoff aus mehreren Molekelarten bestehen, also ein
Gemenge sein kann, haben wir bei den Gasen außer acht gelassen, weil sich
ja — im Idealfalle wenigstens (Ausnahmen im hochkomprimierten Zustand) —
nach *Daltons* Gesetz Gasgemische verhalten wie reine Gase und daher auch
alle Gase völlig ineinander löslich sind. Im flüssigen Zustand werden die
Ausnahmen zur Regel. Die Molekeln sind sich hier so nahe, daß ihre An-
ziehungskräfte fremden Molekeln gegenüber in Wirksamkeit treten, und so
beobachten wir die vielseitigen Erscheinungen der Löslichkeit bzw. Schwer-
löslichkeit.

In diesen für alle technischen Prozesse der Lösung und Extraktion so entscheidenden Fragen kann man leider noch nicht viel grundsätzliche Voraussagen machen. Daß Zucker in Wasser löslich ist, und Cellulose kaum, bildet
die Grundlage der Rübenzuckerindustrie; warum es so liegt, wissen wir nicht
genau. Allgemein kann man nur sagen, daß die Löslichkeit eines Stoffes in
einem bestimmten Lösungsmittel um so größer sein wird, je stärker die Anziehung der Lösungsmittelmolekeln auf die gelösten Molekeln ist, denn um
so seltner werden diese die Grenze des Lösungsmittels überschreiten können,
um in eine neue Phase (Gas, Krystall, Extraktionsmittel) einzutreten. Diese
gegenseitige Anziehung verschiedenartiger Molekeln wird aber von zur Zeit
noch undurchsichtigen Gesetzmäßigkeiten beherrscht. Empirische Löslich-
keitsregeln besagen im allgemeinen, daß chemische Ähnlichkeit diese Anziehung begünstigt. So sehen wir meist hydroxylhaltige Stoffe (Alkohole) in
Wasser leicht löslich, in schroffem Gegensatz zu ihren hydroxyllosen Ver-

wandten (Kohlenwasserstoffe, Äther usw.). Dies käme auch für den Fall des Zuckers in Frage, der ja viele Hydroxylgruppen enthält. Bei der Cellulose wird man sich vorzustellen haben, daß die entscheidenden Hydroxylgruppen derart untereinander abgesättigt oder eingebaut sind, daß die Anziehungswirkung auf Wassermolekeln so stark herabgesetzt ist, wie wir es beobachten.

Etwas klarer sieht man auf dem Gebiet der Löslichkeit von anorganischen Salzen in Wasser. Die von einem geladenen Ion auf Wassermolekeln ausgeübte Anziehung (bzw. umgekehrt) beruht hier darauf, daß in der Wassermolekel die Schwerpunkte von positiven Kern- und negativen Elektronenladungen nicht zusammenfallen — es ist ein „Dipol". Es wird also einem positiven Ion seine negative Seite zukehren, bzw. umgekehrt (Fig. 15). Wegen des Unterschiedes der Abstände vom Ion überwiegt daher die Anziehung die

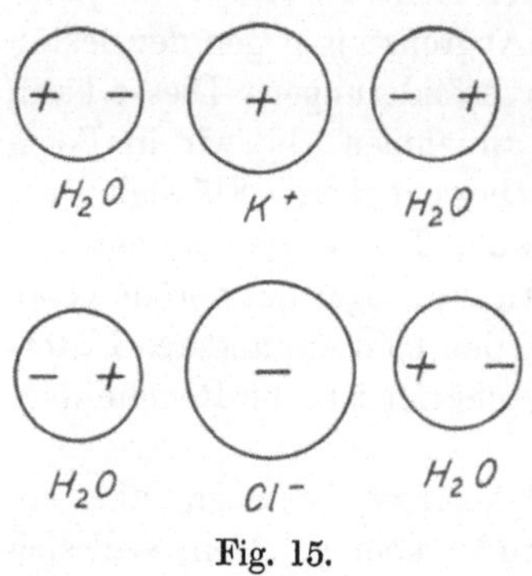

Fig. 15.

Abstoßung. Es ist klar, daß dieses Überwiegen, also die restliche Anziehung, um so stärker ist, je näher die Wassermolekel an den Ladungsschwerpunkt des Ions heranrücken kann, also je kleiner letzteres ist. Ein Salz liefert nun immer positive und negative Ionen in die Lösung, und es wird sich eine „Konkurrenz" beider um das Wasser vollziehen, wobei das kleinere Ion den Sieg davonträgt. Dies kann es um so leichter, je weniger das größere es „stört", also je größer der Unterschied der Ionenradien ist. Die Tabelle bestätigt das an den Alkalihalogeniden, wo tatsächlich die Löslichkeit in Mol pro Liter sinkt, wenn die Werte der Ionenradien sich einander annähern. (Fettgedruckte Minima!)

		F′	Cl′	Br′	I′
	Radius · 10⁸	0,74	0,953	1,021	1,122
Li·	sehr klein	∞ 0,1	∞ 27	wächst	→
Na·	0,517	**1,0**	6,1	10,9	17,9
K·	0,794	um 10	**3,85**	4,43	7,60
Rb·	0,914	wächst	6,37	**5,70**	6,24
Cs·	1,06	↓	9,85	?	**1,48**

Eine praktische Folgerung hieraus haben wir schon kennengelernt in der verschiedenen Löslichkeit der Bromide von Barium und Radium. Die Metallionen sind beide größer als Br′, jedoch ist Ra· noch größer als Ba· und daher RaBr₂ etwas leichter löslich als BaBr₂ und reichert sich in der Lösung an (s S. 16).

Lösungen zweier Flüssigkeiten ineinander kommen in der Technik oft vor mit der Aufgabe, den einen Bestandteil der Mischung daraus rein zu gewinnen. Diese Aufgabe ist meist durch Destillation lösbar, und so ist diese eine der wichtigsten technologischen Operationen, z. B. bei der Gewinnung der Mineralsäuren oder des Weingeists.

Sehen wir die Löslichkeit im flüssigen Zustand als eine Folge wechselseitiger Molekularanziehung an, so erhellt, daß der gelöste Stoff den Molekeln des Lösungsmittels das Verdampfen erschweren wird, d. h. der Partialdruck des Lösungsmittels über jeder Lösung ist kleiner als über dem reinen Lösungsmittel.

Andererseits üben die Molekeln des gelösten Stoffs selber einen Dampfdruck aus, der größer oder kleiner sein kann als jene Erniedrigung. So kann die Änderung des gesamten Dampfdrucks mit dem Mischungsverhältnis verschiedene Formen annehmen.

Eine Erhöhung des Dampfdrucks bedeutet auch eine Verminderung des Siedepunkts und umgekehrt, nämlich derjenigen Temperatur, bei der der Dampfdruck gerade den äußeren Atmosphärendruck überwinden kann, ihm gleich wird. Da man meist nicht isotherm unter Änderung des Druckes destilliert, sondern unter Temperaturänderung bei Atmosphärendruck, so wollen wir im folgenden das Verhalten des Siedepunkts von Gemischen betrachten.

In Fig. 16 sind die verschiedenen Fälle eingezeichnet. Abszisse ist die Zusammensetzung, die von reinem A (links) zu reinem B (rechts) sich ändert, Ordinate die Siedetemperatur. In Fall I ist die Siedepunktserhöhung in

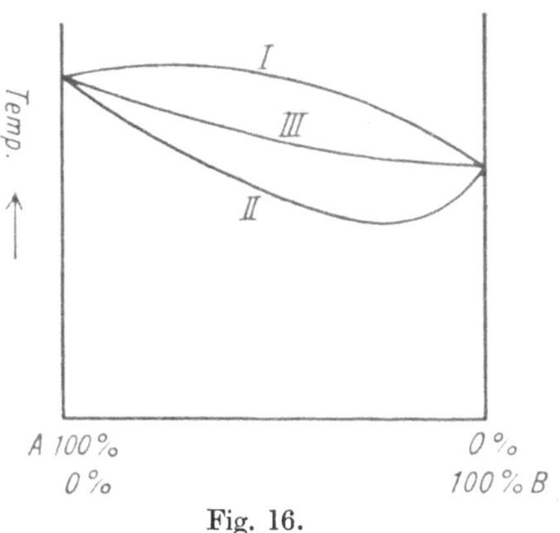

Fig. 16.

A durch den Zusatz von B größer als die Erniedrigung durch den Eigendampfdruck von B; mit steigendem B steigt der Siedepunkt an. Ebenso wirkt A auf B ein, und die Kurve hat daher bei einer Zusammensetzung ein Maximum. Da die leichtflüchtigen Anteile zuerst weggehen, bewegt man sich bei der Destillation jedes Gemischs immer aufwärts auf den Kurven. Das geht (von beiden Seiten her) im Fall I so lange, bis der Rückstand die Zusammensetzung des Maximums hat und nun behält. In diesem Fall ist also eine völlige Trennung durch Destillation nicht möglich. Das ist der Fall der konstant siedenden Salzsäure, die sich nicht weiter konzentrieren läßt. Die stärkere rauchende Salzsäure stellt man daher durch Einleiten von Chlorwasserstoffgas her.

In Fall II wirken die Zusätze auf beiden Seiten siedepunktserniedrigend, weil die Eigendampfdrucke die Siedepunktserhöhungen überkompensieren; die Kurve hat ein Minimum. Der Fall liegt genau umgekehrt. Es resultiert im Rückstand eines der beiden reinen Lösungsmittel (welches, richtet sich nach dem Anfangsverhältnis), und als Destillat das Gemisch von der Minimumzusammensetzung. Das ist der Fall des Alkohol-Wassergemischs, wo ein solches Siedepunktsminimum bei 97 Vol.-Proz. Alkohol liegt, während die Herstellung absoluten Alkohols ein Trockenmittel erfordert.

In Fall III endlich ist die Wirkung auf beiden Seiten verschieden, es ergibt sich eine glatte Kurve. Genügend häufige Destillation erlaubt hier beide Stoffe rein zu erhalten. Dieser Fall liegt vor in dem Sauerstoff-Stickstoffgemisch der flüssigen Luft, die beim Stehen, d. h. Sieden, immer sauerstoffreicher wird. Nur darauf beruht ja ihre Verwendung zur Herstellung des Bombensauerstoffs sowie der Oxyliquitsprengstoffe. Für gewöhnlich enthält sie etwa 40 Proz. Sauerstoff; um den Sauerstoff in einem Destillationsgange fast rein zurückzubehalten, müßte man freilich fast alles verdampfen lassen. Auch die Trennung der Bestandteile des Teers und Erdöls fällt unter diesen Fall III.

Allgemein hängt die Geschwindigkeit bzw. Ergiebigkeit des Destillierens noch von einem anderen Faktor ab, nämlich davon, wieweit sich die Zusammensetzung des Dampfes von der der Restflüssigkeit entfernt, aus der er entweicht. Danach richtet sich das Maß der Aufwärtsbewegung auf den Kurven bei gleicher verdampfter Menge. Die Verhältnisse liegen hierin bei der fraktionierten Destillation ganz analog denen bei der fraktionierten Krystallisation und lassen sich daher sinngemäß aus Fig. 9 und 27 anschaulich ablesen.

Stellen wir einem zu lösenden Stoff zwei verschiedene Lösungsmittel zur Auswahl, die ineinander nicht oder wenig löslich sind, so verteilt er sich auf beide nach Maßgabe der konkurrierenden Anziehungen der beiden Lösungsmittel-Molekelarten. Der *Henri*sche Verteilungssatz sagt über diesen Fall aus, daß das Verhältnis der Konzentrationen in beiden Phasen für eine gegebene Temperatur einen bestimmten konstanten Wert hat, der von den Konzentrationen selbst unabhängig ist und gewöhnlich (d. h. bei nicht zu hohen Löslichkeiten) das Verhältnis der Löslichkeiten ist. Es ist jedem Chemiker bekannt, wie man unter Benutzung dieses Satzes z. B. organische Körper, die in Äther leichter löslich sind als in Wasser, durch Zugabe immer neuer Äthermengen schließlich praktisch quantitativ aus der wässerigen Lösung entfernen kann. Nehmen wir z. B. zur Extraktion einer Menge a aus einem Wasservolum n mal hintereinander das gleiche Volumen Äther, und ist das Verteilungsverhältnis der echte Bruch c, so bleibt nach der ersten Extraktion im Äther die Menge $a\,(1 - c)$, im Wasser ac, nach der zweiten ac^2, nach der $n$ten ac^n. Da $c < 1$, so kann man bei genügend großem n die Konzentration in der wässerigen Phase beliebig herunterdrücken. Gleiches gilt natürlich von anderen Lösungsmittelpaaren. Außer den zahlreichen Anwendungen in der organischen Industrie sehen wir dieses Verfahren angewandt beim Parkesieren. Geschmolzenes Zink und Blei sind bis gegen 900° nicht völlig, bei der Arbeitstemperatur von etwa 500° nur sehr wenig miteinander mischbar. Da das meiste Silber aus Bleiglanz gewonnen wird, liegt es zunächst als sehr verdünnte Lösung von Silber in dem gewonnenen Blei vor. Da nun sein Verteilungsverhältnis sehr zugunsten des Zinks liegt, gelingt es, durch nur dreimaligen Zusatz von etwa je 1 Proz. Zink den Silbergehalt des Bleis bis unter 0,0007 Proz. zu bringen, während er vorher bis 0,2 Proz. betragen hat. Wie der Organiker den Äther durch Abdestillieren, entfernt dann der Hüttenmann das Lösungsmittel — eine bleireiche Blei-Zinklegierung — durch Abdestillieren des Zinks und Wegoxydieren des Bleis — Treibprozeß.

Fester Zustand.

Den Punkt der Verflüssigung haben wir vorhin kennengelernt als den Punkt, wo die Molekeln des Gases einander so nahe kommen, daß sie einander in einem gewissen Abstand festhalten, wenigstens soweit, daß nicht mehr Molekeln infolge der Wärmebewegung das Konglomerat verlassen als aus dem Gase auf dasselbe auftreffen und hängenbleiben. Daher wird auch die Kondensation durch Temperaturerniedrigung und Druckerhöhung begünstigt. Anders ist es bei der Erstarrung einer Flüssigkeit, der Entstehung des festen Zustands. Druck hat hier nur noch geringen Einfluß, denn wir sahen ja schon an den Flüssigkeiten, wie wenig ihr Volumen und damit die Molekelabstände durch Druck beeinflußt werden. Im Gegensatz zum Siedepunkt, der aus obigen Gründen mit dem Druck veränderlich ist, haben wir hier einen festen, fast druckunabhängigen Schmelzpunkt. Das ist so zu erklären, daß wir eben im festen Zustand etwas von Gas und Flüssigkeit ganz Abweichendes, Neues vor uns haben, nämlich einen geordneten Zustand, der schon äußerlich in den regelmäßigen Formen der Krystalle zum Ausdruck kommt[1]. Als fest im physikalisch-chemischen Sinne dürfen wir demnach nur Krystalle bezeichnen, nicht, wie schon erwähnt, etwa Glas. Das maßgebende ist eben die Ordnung. Alle Teilchen (Molekeln oder deren Bestandteile, Ionen bzw. Atome) liegen an festen Plätzen in regelmäßiger räumlicher Wiederholung, und die Wärmebewegung, die die Temperatur des Krystalls bedeutet, ist keine ungeordnete mehr, sondern besteht in kleinen, schnellen Schwingungen um diese „Ruhelagen". Der scharfe Schmelzpunkt bedeutet nun, daß bei dieser Temperatur die Schwingungsenergie eben ausreicht, um die intermolekularen Kräfte im Krystall, die die Rückkehr in die Ruhelage erstreben, zu überwinden und die Wärmebewegung so zu einer ungeordneten, eben der der Flüssigkeit, zu machen.

Schon die Tatsache, daß die meisten Metalle, unsere wichtigsten Bau- und Werkzeugstoffe, bei Zimmertemperatur fest sind, zeigt die enorme technologische Bedeutung der Kenntnis der Gesetze und Eigenschaften des festen Zustands. Wir haben in der Geschichte der Entdeckung dieser Gesetze und ihrer technischen Auswirkung eines der treffendsten Beispiele vor uns, wie die als Selbstzweck arbeitende Wissenschaft am besten den technischen Fortschritt unterstützt und beschleunigt. Es ist daher der Mühe wert, wenn wir diesen Dingen einigen Raum widmen.

Hatte man den Aufbau der Krystalle aus regelmäßig angeordneten Teilchen schon lange vermutet, die Bestätigung lieferte erst die Röntgenanalyse.

---

[1] Die exakte Begründung des scharfen Schmelzpunkts siehe S. 55.

Dem Gedanken *v. Laues*, daß die Krystalle, wenn diese Annahme zuträfe, als Beugungsgitter für Röntgenstrahlen wirksam sein und die Beugungsbilder genaue Angaben über den Krystallbau liefern müßten, folgten in rascher Folge Arbeiten, die uns heute in den Stand setzen, von jedem nicht zu komplizierten Krystall anzugeben, wie er aus Atomen und Atomgruppen aufgebaut ist. Die Methodik der Krystalluntersuchung mit Röntgenstrahlen und ihre Kombination mit makroskopischen Untersuchungen der Symmetrieeigenschaften müssen wir hier übergehen und uns auf einige Resultate beschränken.

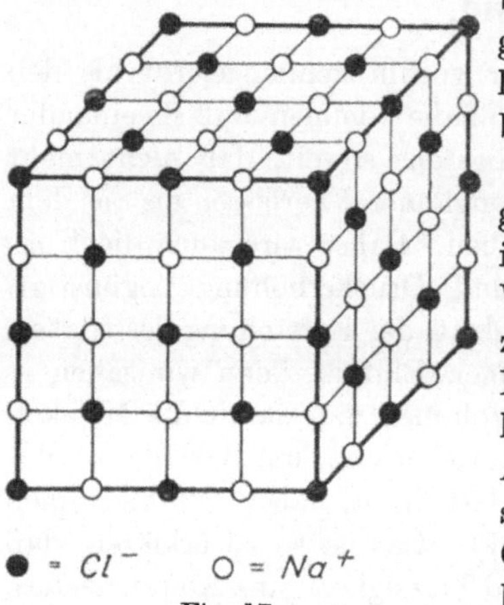

Fig. 17.

Die Röntgenuntersuchungen haben ergeben, daß z. B. im Kochsalz die Natriumionen und die Chlorionen die Ecken von Würfeln bilden, so daß in einer Linie parallel zu den Würfelkanten immer abwechselnd Natriumionen und Chlorionen liegen. Überhaupt zeigt sich allgemein, daß der chemische Aufbau der Salze aus Ionen im Krystall insofern erhalten bleibt, als ein Ion wie SO_4'', CO_3'' u. ä. auch im „Raumgitter" eine Einheit bildet wie in Lösung, indem jedes Sauerstoffatom z. B. im SO_4'' einem bestimmten S'-Atom zugeordnet ist, während jedes SO_4''-Ion im Gips mit einer ganzen Anzahl von umgebenden Ca''-Ionen in Beziehung steht, ohne daß eines davon bevorzugt wäre, ohne daß also eine isolierte Molekel $CaSO_4$ definierbar wäre. Wie das gemeint ist, lehrt ein Blick auf das bekannte Bild des Kochsalzgitters (Fig. 17).

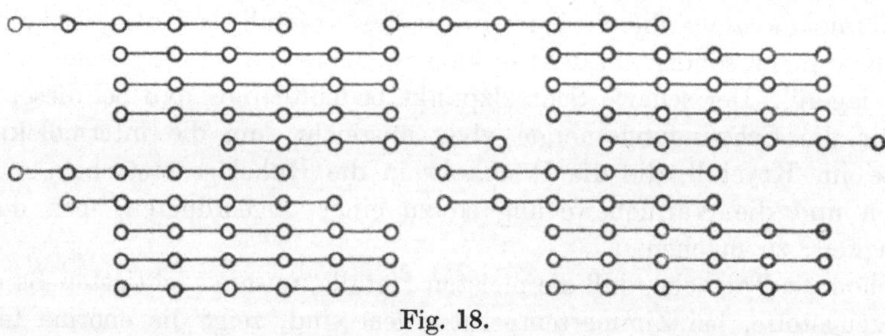

Fig. 18.

Was für diese **Ionengitter** gilt, gilt auch für **Molekelgitter**, z. B. organischer Stoffe. Der Aufbau, den die chemische Strukturformel lehrt, bleibt im festen Körper fast immer erhalten, die Molekeln sind aber an bestimmte Lagen und bestimmte Orientierungen gebunden, die die Symmetrie des Krystalls bedingen. Bei Stoffen, die chemisch einen gestreckten Molekelbau aufweisen, liegen oft im Krystall diese Atomketten ebenfalls parallel nebeneinander. Es entsteht so eine Vorzugsrichtung, die beim organischen Wachstum solcher Stoffe oft auch Vorzugsrichtung in der Lagerung der Krystalle selbst wird, wohl indem gerade in dieser Richtung keine scharfen Krystallgrenzen bestehen (Fig. 18).

Es macht sich das dadurch bemerkbar, daß das Beugungsbild, das die
Röntgenstrahlen nach dem Verlassen solcher Gebilde entwerfen, auch nicht
nach allen Richtungen gleichmäßig ausgebildet ist, wie in Fig. 19, sondern Vor-
zugsrichtungen aufweist (Fig. 20)[1].

Man nennt solche Röntgendiagramme Faserdiagramme, weil man sie
insbesondere bei Faserstoffen, Wolle, Baumwolle, Seide, gefunden hat. Sie
lassen mit Sicherheit auf den oben geschilderten Bau schließen. Es liegt nahe,
diesen Bau mit der großen Zerreißfestigkeit dieser Stoffe in der Vorzugsrich-

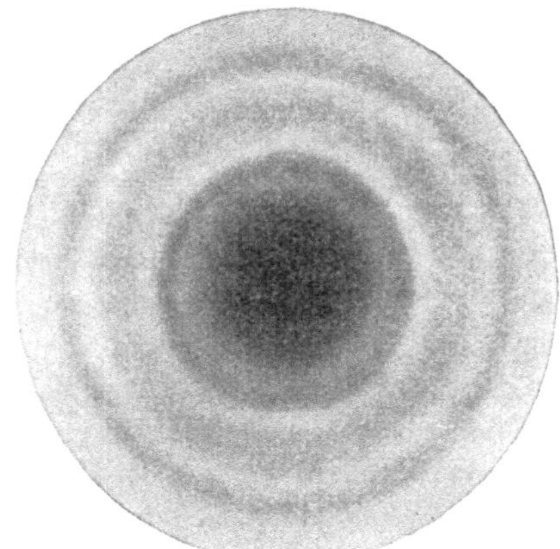

Fig. 19. Krystallisiertes Inulin.　　Fig. 20. Baumwollfasern.

tung in Zusammenhang zu bringen, die ja zusammen mit der ebenfalls ein-
leuchtenden Geschmeidigkeit ihre Anwendbarkeit für textile Zwecke bedingt.
Wir sehen hier ein Prinzip vor uns, auf das wir noch zurückkommen werden,
daß nämlich oft die am dichtesten besetzten Richtungen die reißfestesten
sind. Das erklärt auch z. B. die Spaltbar-
keit des Graphits, der nämlich eine bienen-
wabige Benzolstruktur besitzt (Fig. 21).
Die dicht besetzten Wabenflächen sind
schwer zerreißbar, leicht trennt man sie
aber wegen ihres größeren Abstandes voneinander in blättrige Stücke.

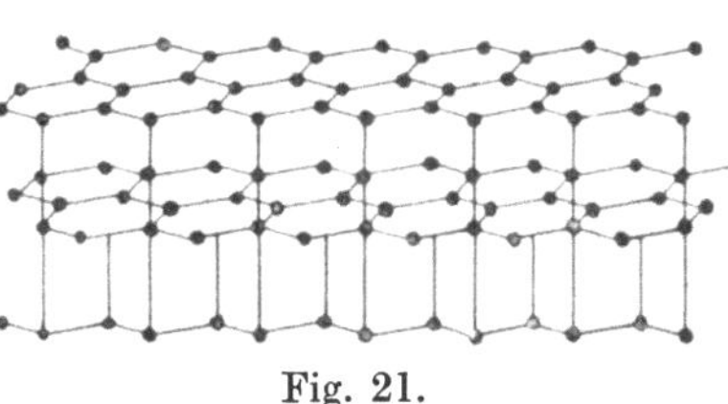

Fig. 21.

Es ist übrigens auffallend, daß die künst-
lichen celluloseartigen Faserstoffe, die sog. Kunstseiden, eine Faserstruktur
nicht besitzen, sondern im Röntgendiagramm völlig amorph erscheinen. Gewisse bevorzugte Richtungen, d. h. ein niederer Grad von Ordnung, scheint
jedoch auch hier für die Reißfestigkeit verantwortlich zu sein. Spinnt man
doch die Faser stets unter „Streckung“ aus, d. h. bei Zug in der Längsrichtung
während der Koagulation. Dadurch entsteht, im polarisierten Licht erkenn-

---

[1] Die Figuren 19 und 20 sind mit freundlicher Genehmigung des Verfassers und des
Verlegers entnommen aus I. R. Katz, Die Quellung, Ergebn. d. exakten Natw. **3**,
316 (1924). (Berlin, Julius Springer.)

bar, Doppelbrechung, die ein Beweis für Richtungsbevorzugung im inneren Aufbau ist.

Für die Festigkeitseigenschaften der Metalle und überhaupt technischer Festkörper kommt aber nicht nur der Krystallbau selbst in Frage. Sie bestehen nämlich nicht aus einem einzigen Krystall, wie unser betrachteter Graphit, sondern bilden Agglomerate sehr zahlreicher kleiner Kryställchen, sog. Krystallite. Ätzt man eine Schliffläche an, so sind unter dem Mikroskop die Krystallite sichtbar. Ihre Größe, Orientierung und gegenseitige Verkittung und Verzahnung sind nun für die mechanischen Eigenschaften — Elastizität, Härte, Zerreißfestigkeit, Duktilität — maßgebend[1]. So ist längst bekannt, daß mechanische Kaltbearbeitung, z. B. Drahtziehen, die Zerreißfestigkeit erhöht. Röntgenographische Befunde ergaben, daß dabei eine Art Faserstruktur niederer Ordnung entsteht, indem die einzelnen Krystallite sich nach der Ziehrichtung als Vorzugsrichtung anordnen, so daß Ebenen dichtester Besetzung senkrecht zu ihr oder doch um sie als Symmetrieachse liegen. Warmbearbeitung — Schmieden, Walzen — dagegen verfeinert das Korn und erhöht die Duktilität. Längeres Erhitzen dagegen macht die Krystallite größer und gleichmäßiger. Solche Erkenntnisse erlauben, die Vorgeschichte eines Werkstücks am Schliff und Röntgenbild zu erkennen und z. B. nach Bruch die Art der verantwortlichen Überbeanspruchung zu erkennen.

Auch der große, seit langem empirisch bekannte und empiristisch benutzte Einfluß von Fremdzusätzen auf die Eigenschaften der Metalle erfährt eine neue Beleuchtung. Sind die Beimengungen nämlich in den Krystalliten gelöst, so können sie die Härte verbessern, ohne die Geschmeidigkeit zu beeinträchtigen, indem einfach die gemischten Krystallite härter sind und ihr Zusammenhalt unverändert. Ist aber der Zusatz unlöslich, so scheidet er sich beim Erstarren zwischen den Körnern aus, und es kann geschehen, daß dann die Geschmeidigkeit durch ganz geringe Zusätze stark leidet, weil nun bei Verformung des Stücks die Krystallite sich leicht voneinander trennen. Warmbrüchiges Kupfer (Bi), rotbrüchiges Eisen (S) sind Beispiele hierfür.

---

[1] Äußerst interessante Beobachtungen, die freilich noch nicht recht mechanisch zu deuten sind, hat man in dieser Richtung am Kautschuk gemacht. Unvulkanisierter Kautschuk ist im ungedehnten Zustand nach Aussage des Röntgenbilds amorph, d. h. eine Flüssigkeit, die Molekeln liegen ungeordnet in allen Richtungen. Dehnt man ihn aber, so zeigt er im gedehnten Zustand deutliche Krystallinterferenzen für Röntgenstrahlen, d. h. durch das Dehnen ist die Substanz oder ein Teil davon krystallisiert. Die Analogie ist vollständig, denn auch „Schmelzwärme" tritt auf, der Kautschuk erwärmt sich bei der Dehnung. Ja, auch einen Schmelzpunkt haben diese Krystallite, oberhalb etwa 20° treten sie nicht mehr auf.

Interessant für uns ist dabei, daß das bei der Kontraktion eintretende „Wiederschmelzen" der Krystallite geradezu mit der Elastizität des Kautschuks ursächlich verknüpft zu sein scheint. Kühlt man nämlich den gedehnten Kautschuk unter den „Schmelzpunkt" ab und verhindert so das Verschwinden der Krystallstrukturen — so zieht sich der Kautschuk nicht wieder zusammen, sondern tut das erst in dem Maße, wie er wärmer wird! Was diese Beobachtungen für den vulkanisierten Kautschuk zu sagen haben, der sich anders verhält, steht noch dahin.

Ob nun aber zwei oder mehr Metalle oder Stoffe überhaupt feste Lösungen bilden oder nicht, ob sie chemische Verbindungen im festen Zustand bilden, darüber gibt uns ihr „Zustandsdiagramm" Aufschluß. Zu dessen Verständnis müssen wir etwas weiter ausholen. Wir werden dabei zugleich unsere Kenntnis über die Übergänge der Aggregatzustände vertiefen.

Phasenregel.

Wir haben oben gesehen, daß der Zustand z. B. eines Gases, d. h. sein Volum, seine Kompressibilität und andere Eigenschaften, festgelegt ist, wenn Druck und Temperatur bekannt sind. Dasselbe wird, wenn man ein Gas aus n verschiedenen Molekelarten vor sich hat, auch noch gelten, wenn man die Gleichung kennt, die die Volume oder Konzentrationen c der Komponenten mit Druck und Temperatur verbindet. Sind diese Konzentrationen voneinander unabhängig, so ist also der Zustand eines solchen Gasgemischs eindeutig bestimmt durch eine Gleichung mit $n + 2$ unabhängigen Variabeln. Wir wollen nun den Fall betrachten, wo außer der Gasphase noch eine Anzahl anderer Phasen besteht: Es können dies Flüssigkeiten und feste Stoffe sein. Als Phasen bezeichnen wir nur Gebilde, die sich von selbst entmischen, wie Gas und Kondensat, oder äthergesättigtes Wasser und wassergesättigter Äther, oder aneinander gesättigte feste Lösungen. Allgemein können P solche Phasen vorhanden sein. Sie sollen alle aus unseren n Komponenten in verschiedenen Konzentrationen gebildet sein. In jeder Phase wird der

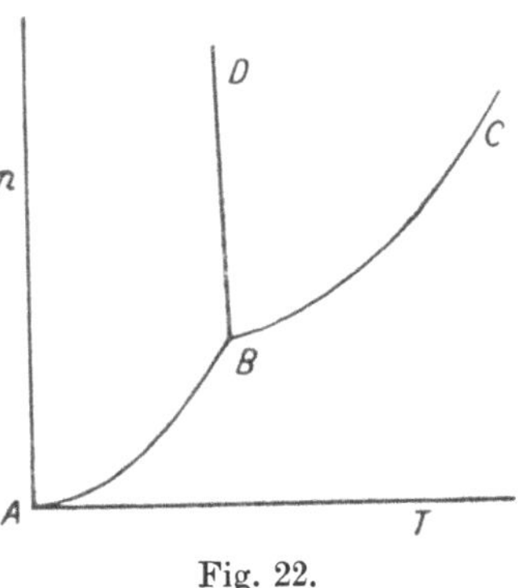

Fig. 22.

Zustand wieder eindeutig bestimmt sein durch eine Gleichung mit $n + 2$ unabhängigen Variabeln, die wieder die Konzentrationen der n Komponenten, den Druck und die Temperatur bedeuten. Es existieren P solcher Gleichungen. Wir fragen nun, wieviele Phasen miteinander im Gleichgewicht stehen müssen, damit alle Konzentrationen sowie Druck und Temperatur völlig bestimmt sind. Im Gleichgewichtszustand legt nach dem besprochenen *Henri*schen Satz die Konzentration jeder Komponente in e i n e r Phase diejenige in allen anderen Phasen fest. Von den $P \cdot n$ unabhängig variabeln Konzentrationen bleiben so nur noch n unabhängige Variable übrig, und wir haben P Gleichungen mit zusammen $n + 2$ Variablen. Wenn alle diese Größen festgelegt sind, werden wir den oben geforderten Zustand völliger Unveränderlichkeit des Systems vor uns haben. Das ist dann der Fall, wenn wir ebensoviel Gleichungen wie Variable besitzen, d. h. wenn

$$P = n + 2$$

ist.

Betrachten wir z. B. das System Eis-Wasser-Dampf. Hier ist $n = 1$ (H_2O), $P = 3$ am Schmelzpunkt des Eises unter dem eigenen Wasserdampfdruck. Unsere Gleichung ist also hier und nur hier erfüllt. Zeichnen wir uns ein p-T-Diagramm (Fig. 22).

A B ist die Dampfdruckkurve des Eises, *B C* die des Wassers. [Die Dampfdruckkurve verbindet alle Drucke, bei denen bei gegebener Abszissentemperatur gerade Kondensation eintritt, also alle Punkte *A* der Zustandskurven (Fig. 14), bei verschiedenen Temperaturen.] In *B* haben Wasser und Eis den gleichen Dampfdruck, sie sind im Gleichgewicht. Daß hier tatsächlich alle Variablen festliegen, erkennt man an folgendem: Senkt man die Temperatur, so verschwindet Wasser, es friert, und wir haben nur noch zwei Phasen. Ebenso schmilzt das Eis bei Temperatursteigerung völlig. Steigert man aber den Druck, so kondensiert sich der Dampf völlig (s. a. Fig. 14), senkt man ihn, so verdampft das Wasser. Wir können also den Punkt *B* nicht verlassen, ohne in Gebiete mit weniger Phasen zu kommen. Solche Punkte heißen Übergangspunkte, im Falle von drei Phasen Tripelpunkte. Für sie und nur für sie ist $P = n + 2$.

Die zweiphasigen Gebiete, bei denen man im Gleichgewicht auf den Kurven *A B*, *B C* und *B D* ist (letztere gibt die Druckabhängigkeit des Schmelzpunkts ohne Dampfphase), heißen Kurven vollständigen Gleichgewichts. Dieses ist so definiert, daß

$$P = n + 1$$

ist. Die Gleichungen genügen also nicht, um alle Variabeln festzulegen. Man kann, ohne daß eine Phase verschwindet, z. B. im System Wasser-Dampf die Temperatur variieren.

Den Druck freilich legt man damit jeweils fest (Dampfdruck). Solche Systeme vollständigen Gleichgewichts, in denen also zu jeder Temperatur ein bestimmter Druck gehört, und die auch univariant heißen, weil eine, und nur eine Variable frei verfügbar ist, sind gekennzeichnet durch $P = n + 1$. Sie haben, wie man auch sagt, einen „Freiheitsgrad" (hier in anderem Sinne als in der Theorie der Wärmebewegung S. 42). Sind noch weniger Phasen vorhanden, so hat man auch entsprechend mehr Freiheiten verfügbar. Zum Beispiel im Wasserdampf oberhalb der Kondensation (1 Phase; $P = n$) kann man ja Druck und Temperatur unabhängig variieren, ohne daß Phasen verschwinden oder auftauchen.

Allgemein gilt also, wenn man die Zahl der Freiheitsgrade mit F bezeichnet:

$$P + F = n + 2.$$

Gleichgewichte mit mehr als einer Freiheit heißen auch unvollständige Gleichgewichte, weil das System z. B. auch bei bestimmten Druck- und Temperaturbedingungen hinsichtlich der Konzentrationen mehr oder weniger unbestimmt ist, da ja Konzentrationen als Variable der Zustandsgleichungen auch Freiheiten bedeuten.

Wir wollen nun unsere Phasenregel auf ein technisch wichtiges Gebiet, die Erstarrung von Metallegierungen, anwenden. Hier tritt eine Vereinfachung insofern ein, als unsere metallurgischen Prozesse im allgemeinen bei konstantem Atmosphärendruck vor sich gehen, der Druck als Variable also herausfällt. Wir haben dann: $P + F = n + 1$.

Ebenso können wir wegen der kleinen Dampfdrucke der Metalle die Dampfphase als nicht vorhanden ansehen. Für die Erstarrung eines reinen Metalls gilt dann: $n = 1$; $P = 2$, also keine Freiheit, d. i. Temperatur und selbstverständlich Konzentration liegen fest, es gibt nur einen bestimmten Schmelzpunkt (Punkt, wo $P = 2$). Für Legierungen aus zwei Metallen haben wir schon verschiedene Fälle zu unterscheiden:

Nehmen wir zunächst an, die Metalle sind in flüssigem Zustand völlig, im festen gar nicht ineinander löslich. Dann haben wir maximal eine flüssige und zwei feste Phasen nebeneinander zu erwarten. Für diesen Fall ist $P = 3$; $n = 2$; also $F = 0$. Das System ist „nonvariant", wir können nur bei einer Temperatur und einer Konzentration der Schmelze alle drei Phasen erwarten. Bei allen anderen Temperaturen und Konzentrationen muß eine Phase verschwinden und vollständiges Gleichgewicht ($F = 1$) herrschen, d. h. nur ein festes Metall mit der gemischten Schmelze bei einer konzentrationsabhängigen Schmelztemperatur im Gleichgewicht sein.

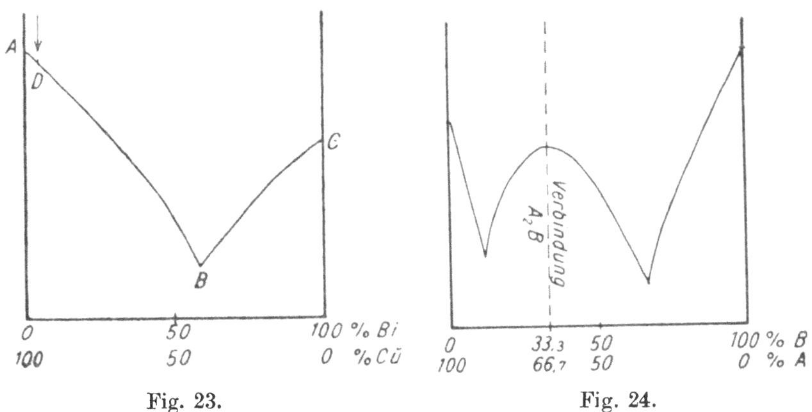

Fig. 23.Fig. 24.

Sehen wir uns das Erstarrungsdiagramm eines solchen Systems (z. B. Cu-Bi) daraufhin an (Fig. 23). Abszisse ist das Mengenverhältnis in Atomprozenten Bi, Ordinate die Temperatur (schematisch). Die Linien AB und CB sind die des vollständigen Gleichgewichts, wo sich bei einer konzentrationsabhängigen Temperatur längs AB nur Kupfer, längs BC nur Wismut abscheidet. Nur im Punkt B, dem Tripelpunkt oder eutektischen Punkt, scheiden sich beide festen Phasen nebeneinander ab, und zwar in Form eines sehr feinen Gefüges kleiner Krystalle beider Metalle. Wir verstehen jetzt auch die Brüchigkeit wismuthaltigen Kupfers besser: Kupfer mit sagen wir 1 Proz. Wismut wird bei Abkühlung auf die Temperatur von D anfangen, reines Kupfer abzuscheiden. Dabei wird die Schmelze wismutreicher und der Schmelzpunkt sinkt. Wenn schon fast alles Kupfer abgeschieden ist, erreicht er B, und nun bildet sich zwischen den Kupferkrystalliten aus der sie umgebenden Schmelze das Eutektikum, das einen festen Zusammenhalt zwischen ihnen verhindert. Analoges gilt im schwefelhaltigen Eisen für das System Fe—FeS.

Wenn nämlich die Komponenten in beiden Aggregatzuständen Verbindungen miteinander bilden, so treten diese als Komponente in das System ein, dessen Zustandsdiagramm sich so in zwei spaltet. Die Fig. 24 spricht für sich,

Verbindungen geben sich so durch **Maxima** zu erkennen. Technisch bedeutet ihr Auftreten meist eine Erhöhung der Härte, jedoch Verminderung der Geschmeidigkeit (Fe_3C im Stahl!).

Wir gehen nun zu dem Fall über, daß beide Metalle auch im festen Zustand ineinander löslich sind, und zwar entweder nur das eine im anderen, oder auch umgekehrt. Auch in diesen Fällen gilt, daß wir alle drei Phasen nebeneinander nur in einem singulären Punkt erwarten können, dem Eutektikum, und daß beiderseits davon vollständiges Gleichgewicht herrschen muß, d. h. zu jeder Konzentration in der Schmelze gehört ein bestimmter Erstarrungspunkt. Eine weitere Freiheit besteht aber auch hier nicht, da an den Größen P, n nichts geändert wird. Also gehört zu jeder Konzentration der Schmelze auch eine **bestimmte** Konzentration der sich abscheidenden festen Lösung, des „**Mischkrystalls**". In den folgenden Fig. 25 u. 26 bedeutet wieder B das Eutektikum, AB und CB die Erstarrungskurven vollständigen Gleichgewichts,

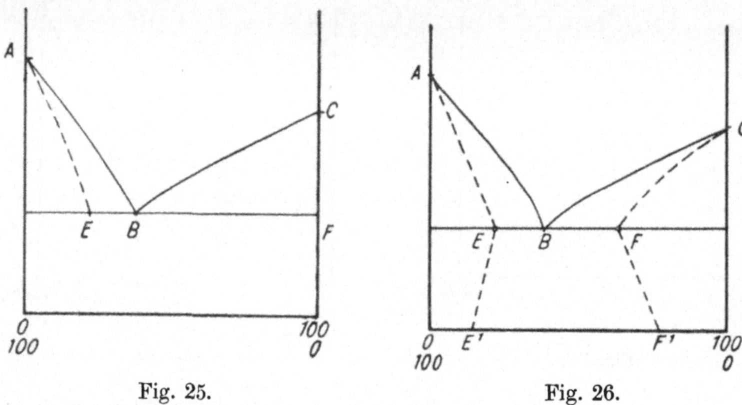

Fig. 25.　　　　　　　　　　Fig. 26.

AE und CF sind hier die Linien (Soliduskurven), die die Konzentration des Mischkrystalls angeben, der sich aus einer Schmelze der bei gleicher Ordinate auf AB bzw. CB (Liquiduskurven) abgelesenen Konzentration abscheiden muß. Fig. 25 behandelt den Fall einseitiger, Fig. 26 den Fall beiderseitiger Löslichkeit im festen Zustand; EF ist die „Mischungslücke", die sich meist bei weiterer Abkühlung der festen Legierung verbreitert (teilweise Entmischung; EE' und FF').

Ist die Mischbarkeit im festen Zustand ebenfalls vollständig, so können wir normalerweise an keinem Punkt drei Phasen erwarten, das nonvariante Eutektikum entfällt, und wir erhalten mehr oder weniger glatte univariante Kurven für die Zusammensetzung im festen und flüssigen Zustand (Solidus- und Liquiduskurve; Fig. 27).

Mischkrystalle sind von größter Bedeutung für die Metalltechnologie wegen ihrer oft vorzüglichen und gut modulierbaren mechanischen Eigenschaften; sie bauen **Bronzen**, **Edelstähle** usw. auf.

Wir haben die mannigfachen Möglichkeiten der Zustandsdiagramme bei weitem nicht erschöpft; Bildung mehrerer Verbindungen, die auch teilweise beim Schmelzen zerfallen können, Mischungslücken im flüssigen Zustand, Umwandlungen der festen Phasen können weitere Komplikationen bedingen, die aber auch nach der Phasenregel vorausgesagt werden können.

Wir wollen jetzt einige technisch wichtigen Zustandsdiagramme betrachten, und zwar zunächst das zwischen Eisen und Kohlenstoff (Fig. 28).

Kohlenstoff ist in flüssigem Eisen gut löslich, und zwar zu einer Verbindung Fe_3C, deren Erstarrungspunkt wir uns auf der Verlängerung von BC über die Bildgrenze (5 Proz. C) hinaus denken müssen. B ist das Eutektikum zwischen dieser Verbindung, dem „Zementit", und einem Mischkrystall zwischen bei hoher Temperatur stabilem γ-Eisen und Zementit, dem sog. „Martensit", dessen Erstarrungspunkte auf AB, dessen Zusammen-

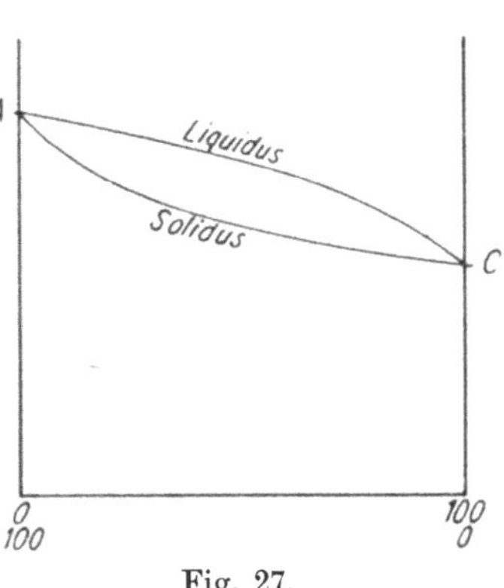

Fig. 27.

setzung auf AE abzulesen sind. Eisensorten, die mehr Kohlenstoff enthalten als der „gesättigte Mischkrystall" E, enthalten demnach in ihrem Gefüge reichlich Zementit oder, da dieser langsam zerfällt, bei langsamem Erstarren Graphit. Sie sind daher verhältnismäßig spröde und bilden das graue Roheisen oder Gußeisen. Entkohlt man es aber so weit, daß sein Gehalt unter den Punkt E von 1,7 Proz. fällt, was im Bessemer- oder Thomasprozeß geschieht[1], so erhält man das weiße Roheisen, dessen Kohlenstoff hauptsächlich in Form des Mischkrystalls Martensit vorliegt, der die Geschmeidigkeit der Stähle und Schmiedeeisen bedingt, die aus

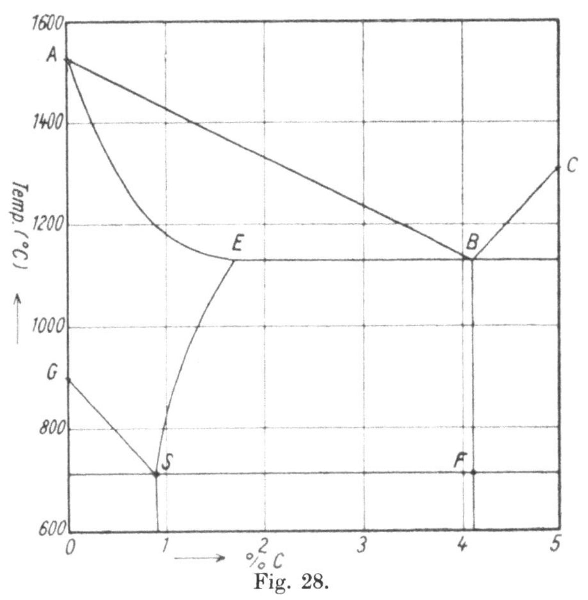

Fig. 28.

weißem Roheisen gewonnen werden. Auch die Härte des Stahls ist auf die Eigenschaften des Martensits zurückzuführen.

Kühlt man aber den Martensit langsam ab, so erleidet er weitere Ver-

---

[1] Auch längeres Erhitzen auf etwa 1000°, das „Tempern", bewirkt infolge Zerfalls des Carbids und Ausscheidung amorpher Kohle eine solche Wirkung.

änderungen. Bei etwa 900° besitzt Eisen einen Umwandlungspunkt G ($F = 0$) von γ-Eisen in das bei Zimmertemperatur stabile α-Eisen. Das γ-Eisen, das als Lösungsmittel im Martensit wirkt, bleibt hiervon nicht verschont, es tritt die neue Phase α-Eisen auf, und, da dieses keinen Zementit löst, der Fall von Fig. 23, d. h. ein von der Konzentration des vorliegenden Martensits abhängiger Umwandlungspunkt längs GS und ein Eutektikum S zwischen α-Eisen und Zementit, der sog. „Perlit".

Auf dieses Eutektikum neben mehr oder weniger α-Eisen oder Zementit führt also die langsame Abkühlung aller Eisensorten bis zu 1,7 Proz. Kohlenstoff. Perlit ist nun ein sehr feinblättrig gefügtes, weiches Gebilde, und so sind auch Stähle, die langsam abgekühlt wurden, weich und leicht zu bearbeiten. Will man dem bearbeiteten Stück die Härte des Stahls, d. i. die vorzüglichen Eigenschaften des Martensits zurückgeben, so erwärmt man es auf Temperaturen, wo sich Martensit zurückbildet, und schreckt es dann rasch ab, so rasch, daß die Umwandlung GSE übersprungen wird und der Martensit auch bei tiefer Temperatur als eigentlich instabiles Gebilde erhalten bleibt. Das nennt man „Härten". Hat man des Guten zuviel getan, so kann man durch vorsichtiges Erwärmen auf Temperaturen, die noch unterhalb GSE liegen, bei denen aber schon die Einstellung des wahren Gleichgewichts Ferrit-Perlit-Zementit merklich schnell geht, einen Teil des Martensits nachträglich zerstören — Anlassen. Die verschiedenen ungesättigten Martensite von 0 bis 1,7 Proz. C haben nun verschiedene Härte. Reines γ-Eisen ist sehr weich, auch Schmiede- und Schweißeisen (bis etwa 0,4 Proz. C) sind noch recht weich und dehnbar. Von etwa 0,5 Proz., wo die Stähle beginnen, bis 1 Proz. C, wo Stahl Glas ritzt (Glasmesser des Chemikers!), steigt dann die Härte an. Es gelingt durch Erhitzen in Kohlepulver, das in die Eisenstücke hineindringt, auch schweißeiserne Gegenstände in einer Oberflächenschicht von einigen Zentimetern in das Gebiet des Stahls zu bringen — Einsatzhärten, Zementieren.

Unsere bisherige Beschränkung auf zweikomponentige Systeme verbietet uns, die interessanten und wichtigen Einflüsse von Zusätzen auf Eisen und Stahl eingehend zu besprechen. Einige Punkte seien aber erwähnt: Die Rotbrüchigkeit schwefelhaltigen Eisens sahen wir bereits durch die Bildung von FeS bedingt; FeO hat gleiche Wirkung. Zusatz von Wolfram bildet Wolframcarbid, das dem Stahl große Härte gibt, die nicht, wie die Martensithärte, schon gegen 200° verschwindet. Für Werkzeuge, die längere Zeit heiß arbeiten müssen, wie Drehstähle, ist das wichtig — Schnelldrehstahl. Andere Zusätze beschleunigen (Si) oder verzögern (Mn) die Graphitabscheidung aus Zementit und machen so aus zähem Roheisen sprödes bzw. umgekehrt. Daher ist Siliciumzusatz äußerst gefährlich, wo nicht gerade auf die chemische Widerstandsfähigkeit des Ferrosiliciums Wert gelegt wird. Andererseits zeichnet sich Ferromangan durch vorzügliche mechanische Eigenschaften aus. Auch verengert Silicium wegen seiner Mischbarkeit mit α-Eisen das Gebiet $AESG$ des Martensits und damit die Modulierbarkeit des Stahls durch Härten und Anlassen, während Mangan wieder umgekehrt wirkt — Manganstähle.

Es gibt noch zahlreiche Gebiete außerhalb der Metallurgie, wo die Phasenregel dominiert. Es sei noch ein technischer Fall von großer Wichtigkeit betrachtet, die Aufarbeitung der Kalisalze.

Sehen wir zur Vereinfachung von Natriumsalzen[1] und Sulfaten ab, so handelt es sich um die Gleichgewichtskurven der drei Komponenten Wasser, Kaliumchlorid und Magnesiumchlorid. Für die Aufstellung des Zustandsdiagramms kommen wir hier logischerweise mit der Zeichenebene nicht mehr aus, sondern müssen eine dritte, räumliche Dimension hinzunehmen. Die Fig. 29 gibt eine anschauliche perspektivische Darstellung dieses Diagramms, wie es von *van t'Hoff* und seinen Schülern erforscht wurde. In dem die Grundfläche bildenden gleichseitigen Dreieck H_2O—KCl—$MgCl_2$ sind die Konzentrationen so abzulesen, daß z. B. der KCl-Gehalt von der mit KCl bezeichneten Ecke bis zur gegenüberliegenden Seite von 100 Proz. auf Null fällt. In vertikaler Richtung sind die Temperaturen aufgetragen. Die linke Seitenfläche stellt dann das binäre Zustandsdiagramm zwischen Kaliumchlorid und Wasser dar: Sie entspricht ganz der Fig. 23 und besitzt ein Eutektikum (bei wässerigen Systemen auch „kryohydratischer Punkt" genannt) C. A ist der Schmelzpunkt des Eises. Verwickelter ist das System Wasser-Magnesiumchlorid, das in

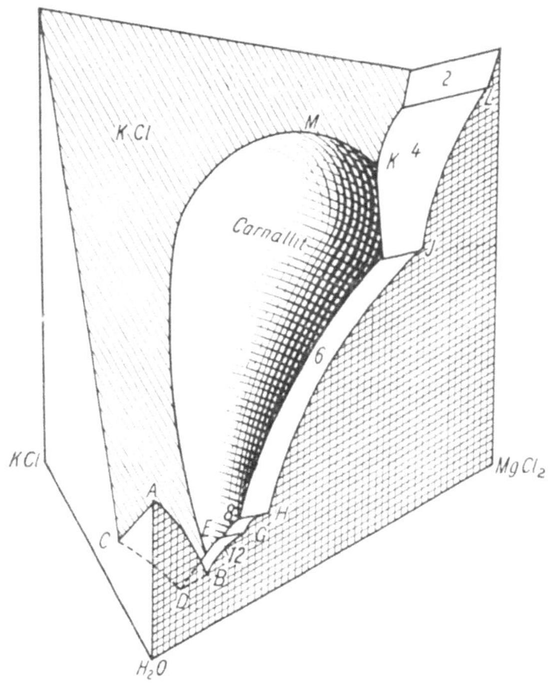

Fig. 29.

der rechten Seitenfläche liegt. Hier bilden sich eine Reihe von Verbindungen analog Fig. 24, aber mit verdeckten Maxima, und zwar von oben nach unten die Hydrate mit 2, 4, 6, 8, 12 Mol Wasser. Dazwischen liegen die Umwandlungspunkte in Anwesenheit der gesättigten $MgCl_2$-Lösung L, J, H, G und unten das Eutektikum aus $MgCl_2 \cdot 12\,H_2O$ und Wasser, B. Bei Anwesenheit aller drei Komponenten scheidet sich bei Abkühlung das (in der Figur verdeckte) ternäre Eutektikum D ab. Die gewölbte Fläche in der Mitte ist die, in der die Verbindung $KCl \cdot MgCl_2 \cdot 6\,H_2O$ im Gleichgewicht steht mit Lösungen der durch die betreffenden Raumpunkte gegebenen Zusammensetzung. Sie entspricht ihrer Form nach den gewölbten Linien der Magnesiumchlorid-Hydrate, und charakteristisch ist,

---

[1] Über diese siehe einiges auf S. 15.

daß auch ihr Maximum, d. h. der ihrer Zusammensetzung[1] entsprechende Punkt, verdeckt ist durch die mit KCl bezeichnete, dessen Abscheidung bedeutende Fläche, also links außerhalb des Existenzbereichs des Carnallits zu denken ist[2].

Dieses Diagramm gibt uns nun leicht Aufschluß über die Vorgänge beim technischen Aufschluß des Carnallits. Dieser erfolgt so, daß man den Carnallit bei etwa 100° in Lösung bringt und die Lösung dann erkalten läßt. Was geschieht aber, wenn eine Lösung von dem Verhältnis $K : Mg$ des Carnallits, also des verdeckten Maximums, abgekühlt wird? Sie trifft, von höheren Temperaturen kommend, auf die Fläche KCl, unter der ja das Maximum liegt, d. h. es scheidet sich reines KCl ab. Die Mutterlauge, die dadurch reicher an Magnesiumchlorid wird, bewegt sich in der Fläche KCl nach rechts und würde schließlich auf die eutektische Linie ME (eutektisch zwischen Chlorkalium und dem Carnallit) und über E (von wo an statt Carnallit das Dodekahydrat im Eutektikum auftritt) nach D gelangen. Natürlich kühlt man technisch nicht so weit ab, daß diese magnesiumhaltigen Krystallisationen auftreten, sondern begnügt sich mit dem zuerst abgeschiedenen reinen Kaliumchlorid. Die magnesiumhaltige Lauge wird vielmehr zur Auflösung weiterer Carnallits benutzt, was den Vorteil hat, daß weniger Kochsalz und Kieserit ($MgSO_4 \cdot H_2O$) aus dem Rohcarnallit gelöst werden, letzteres wegen der Verminderung der Löslichkeit nach Kap. VI S. 102.

Auch durch kaltes Auslaugen müßte sich der Carnallit in Lösung und reines KCl zerlegen lassen, wie wir schon in Fig. 8 gesehen haben. Diese Figur ist, wie man leicht sieht, nichts anderes als ein Querschnitt durch unser Raumdiagramm Fig. 29, etwa in der Höhe der Ziffer „6", nur ist der Winkel in der H_2O-Ecke von 60° auf 90° gestreckt. (Das gleiche gilt sinngemäß von Fig. 7 u. 9.) Technisch hat sich diese Art des Laugens aber nicht eingeführt.

Van t'Hoff schlug noch ein anderes Verfahren der Gewinnung von KCl aus Carnallit vor: Man sieht, daß die Existenzfähigkeit des Carnallits eine obere Temperaturgrenze bei M hat, die bei 168° liegt. Schmilzt man also den Carnallit bei dieser Temperatur, so wird sich aus der Schmelze, da sie wieder in die Fläche KCl fällt, reines Kaliumchlorid abscheiden, bis die eutektische Linie EMK durch die Veränderung der Lösung erreicht ist. Das würde ebenfalls etwa $^1/_4$ des gesamten Kaliumchlorids liefern (s. Fußnote 1).

Ähnliche Schlüsse, wie auf ihre Verarbeitung, läßt unser Diagramm leicht auch auf die Entstehung der Kalilagerstätten aus dem Meerwasser zu, jedoch sind das geologische Fragen.

Ebenso wie die in Kap. I behandelte Barium-Radiumtrennung, gehört auch die Herstellung der Ammoniaksoda hierher. Wir werden sie in Kap. VI als Anwendung des Massenwirkungsgesetzes in Lösungen behandeln. Massenwirkungsgesetz und Phasenregel müssen, wie wir noch in Kap. IV sehen werden, sich immer ergänzen und so zu übereinstimmenden Schlüssen führen, da das erstere ja nur die Rolle einer der verlangten einphasigen Zustandsgleichungen (s. S. 53) spielt.

---

[1] Und ihrem Schmelzpunkt; sie schmilzt also nur unter Zersetzung; s. w. u.

[2] Die Figur, die der Deutlichkeit wegen nach links auseinandergezogen ist, gibt diese Verhältnisse nicht quantitativ wieder, wie auch der Temperaturmaßstab nur qualitativ ist.

Kapitel IV

Thermodynamik.

Eine für die Betrachtung chemischer und besonders technischer Prozesse sehr wichtige Frage hat in unseren bisherigen Betrachtungen nur ganz gelegentlich eine Rolle gespielt: Die Frage nach der mit dem betreffenden Vorgang verknüpften „Energiebilanz". Ihre Bedeutung für uns ist eine doppelte: Einmal erlaubt die Kenntnis und richtige Anwendung der Energielehre dem Chemiker in den meisten Fällen ein Urteil darüber, ob und in welcher Richtung Stoffe miteinander reagieren, d. h. die Gesamtheit des chemischen Geschehens wird von ihnen beherrscht. Zum anderen sind für den Techniker außer diesen Grundfragen noch andere nicht minder wichtig: welche Energie und in welcher Form nämlich in einen Vorgang hineingesteckt werden muß, oder auch, ob ein Vorgang als Energielieferant und unter welchen Umständen, in welchem Ausmaß, brauchbar ist. Ist doch Energie in der heutigen Technik nicht bloß ein Rohstoff wie andere, der beschafft, bezahlt und ausgenutzt werden muß, sondern eigentlich derjenige, von dessen richtiger „Bilanz" die Wirtschaftlichkeit eines Verfahrens vielfach hauptsächlich beeinflußt wird. Ein Beispiel möge das erläutern. Die Bindung des Luftstickstoffs zu Stickoxyd im elektrischen Flammofen erfordert wegen des Energieverbrauchs der Reaktion und der ungünstigen Lage des chemischen Gleichgewichts gewaltige Energieaufwände je Tonne Stickstoff, im Gegensatz zu der exothermen Bildung von Ammoniak aus Wasserstoff, den man sowieso herstellen muß, und Stickstoff. Die Technik reagiert auf diesen Sachverhalt bekanntlich zwangsläufig so, daß sie das erstgenannte Verfahren nur in Ländern anwendet, wo Energie aus Wasserkraft billig genug zur Verfügung steht.

I. Hauptsatz.

Wenn wir zunächst die chemisch-technische Energiegewinnung aus chemischen Vorgängen betrachten, so steht an wirtschaftlicher Wichtigkeit obenan die Gewinnung von Wärme aus der Verbrennung von Kohle. Wenn Kohlenstoff sich mit Sauerstoff zu Kohlendioxyd vereinigt, so werden pro entstehendes Mol CO_2 97 Cal oder pro Gramm Kohle 8 Cal frei. „Freiwerden" heißt dabei, daß bei der Sprengung der Valenzen in der festen Kohle und dem gasförmigen O—O und der Bildung der neuen Valenzen im O=C=O ein Gebilde entsteht, dessen Valenzen um 97 Cal weniger Bindungsenergie enthalten. Dieser Unterschied der Energie muß nun in irgendeiner Form wieder auftreten, und er tut das im allgemeinen als „Wärme“, d. h. als Bewegungsenergie der einzelnen Molekeln der an dem Vorgang beteiligten Körper.

Damit haben wir ein wichtiges Grundgesetz ausgesprochen, das allerdings heute für uns schon fast eine Trivialität bedeutet: daß nämlich bei Energieumwandlungen jeder Art Energie nie verschwinden oder neu erschaffen werden kann. Wir nennen diesen Satz den von der Erhaltung der Energie oder den „ersten Hauptsatz“. Wenn man nur die Umrechnungszahlen der Maßeinheiten der einzelnen Energieformen (z. B. Arbeit in Meterkilogramm, Wärme in Calorien, Elektrizität in Kilowattstunden, Licht in Kerzenstunden usw.) kennt, kann man mit Hilfe des ersten Hauptsatzes die Energiebilanz jedes Vorgangs aufstellen. In unserem Falle geht also die chemische Energie, die das „System“ $C + O_2$ mehr besitzt als das System CO_2, in Wärme über.

Wie nun aber, wenn zur Verbrennung zu wenig Sauerstoff vorhanden ist? In diesem Falle entsteht bekanntlich teilweise CO. Kann man nun aus 1 g Kohle noch dieselbe Kalorienzahl gewinnen? Der erste Hauptsatz sagt Nein. Denn dann müßte ja bei der Bildung von CO dieselbe Menge chemische Energie frei werden. Das ist aber nicht der Fall, denn wir wissen ja, daß bei der Verbrennung von CO zu CO_2 nochmal Energie zu holen ist. Es kann aber nicht sein, daß ich auf dem Umwege über CO mehr Energie gewinne als auf dem direkten Wege. Denn sonst könnte ich ja, wenn ich in CO_2 97 Cal hineinstecke und so $C + O_2$ mache, durch Verbrennen von C zu CO und dann des CO zu CO_2 außer den hineingesteckten 97 Cal noch etwas Energie aus nichts gewinnen. Und das verbietet eben der Hauptsatz. Er verlangt also, daß die gewinnbare Wärmemenge vom Wege der Reaktion unabhängig ist, oder daß die Summe der Wärmen der Teilvorgänge gleich der Wärme des Gesamtvorganges ist. In dieser Form heißt er der *Hess*sche Satz von der Konstanz der Wärmesummen.

Er verlangt nun natürlich auch, daß bei Verbrennung eines Brennstoffgemischs die gleiche Verbrennungswärme frei wird wie bei Verbrennung der einzelnen Bestandteile. Handelt es sich aber um eine chemische Verbindung brennbarer Elemente, so muß die Verbrennungswärme die Summe derer der Komponenten um ebensoviel unterschreiten als wie die Bildung der genannten Verbindung schon frei gemacht hat. Von diesen Überlegungen macht eine einfache Formel Gebrauch, mit der man den Heizwert einer natürlichen Kohle einfach aus ihrer Analyse annähernd ausrechnen kann. Der Schwefel, den die Kohle enthält, ist elementar, seine Verbrennungswärme wird also nicht geändert sein gegen die reinen Schwefels, und die beträgt 68 840 cal für das Grammatom. Da ferner die Energie, die in einer Bindung C—C oder C—H oder H—H steckt, nahezu immer die gleiche ist[1], wird es an der Verbrennungswärme von Kohlenstoff + Wasserstoff wenig ändern, daß sie in der Kohle etwa miteinander verbunden sind. Ein Stück Kohle, das c Grammatome Kohlenstoff, h Grammatome Wasserstoff und s Grammatome Schwefel

---

[1] Das weiß man gerade aus Untersuchungen über den Heizwert von Kohlenwasserstoffen.

enthält, wird also (1 Grammatom Wasserstoff entwickelt 28 800 Cal) den Heizwert haben:

$$Q = 97\,c + 28{,}8\,h + 68{,}84\,s\ \text{Cal}.$$

Anders wird es, wenn die Kohle, wie meist, etwas Sauerstoff in chemischer Bindung enthält. Wir wissen nicht, ob dieser Sauerstoff an der Kohle oder am Wasserstoff gebunden sitzt. Beides wird der Fall sein, wir nehmen der Einfachheit halber einmal an, aller Sauerstoff sei mit Wasserstoff verbunden. Dann ist also pro $\tfrac{1}{2}$ O ein H schon „verbrannt", und der *Hess*sche Satz verlangt, daß wir dessen Verbrennungswärme abziehen. Wir erhalten also bei einem Gehalt von o Grammatomen Sauerstoff:

$$Q = 97\,c + 28{,}8\,(h - \tfrac{1}{2}\,o) + 68{,}84\,s\ \text{Cal}.$$

Führen wir jetzt Gewichtsprozente ein, so haben wir überall mit $\dfrac{\text{Atomgewicht} \cdot 1000}{100}$ zu erweitern, um den Heizwert eines Kilogramms Kohle von (C) Proz. Kohlenstoff, (H) Proz. Wasserstoff, (O) Proz. Sauerstoff und (S) Proz. Schwefel zu erhalten:

$$Q = 81\,(C) + 288\,[(H) - \tfrac{1}{8}\,(O)] + 22{,}2\,(S)\ \text{Cal}.$$

Diese sog. „Verbandsformel" hat in der Technik für erste Orientierung einen großen Wert. In Bereichen, wo die gemachten Annahmen ungefähr zutreffen, d. h. bei nicht zu großem Sauerstoffgehalt (Koks und gute Steinkohle) trifft sie auf ± 2 bis 3 Proz. zu.

Die auf diese Weise errechnete Verbrennungswärme (sie wird genauer in einem Calorimeter gemessen, worauf wir hier nicht eingehen wollen) kommt natürlich nicht völlig der Erwärmung des Kessels oder Ofengutes zugute, sondern unter technischen Bedingungen sind noch Verluste möglich, über die man sich zur Beurteilung des **Nutzeffekts einer Heizung** klar sein muß. Eine Verlustquelle ist in der Formel schon berücksichtigt: nämlich die Notwendigkeit, den Wasserstoff der Kohle (dasselbe gilt für Gasfeuerungen) zu **dampfförmigem** Wasser zu verbrennen. Wir wissen, daß zur Verdampfung eines Mols flüssigen Wassers Wärme verbraucht wird, und zwar rund 10 000 cal. Diese Wärmemenge würden wir also mehr gewinnen können, wenn wir, wie in der *Berthelot*-Bombe, zu flüssigem Wasser verbrennen könnten (der Koeffizient 288 in der Verbandsformel würde auf 341 steigen[1]). Ferner ist klar, daß ungenügender Sauerstoffzutritt, der eine unvollständige Verbrennung bewirkt, eine Einbuße an Kalorien bedeutet, und zwar 68 000 cal für jedes Mol CO, das im Rauchgas ungenutzt, d. i. unverbrannt, entweicht. Man wird also bemüht sein, mit Sauerstoffüberschuß zu arbeiten. Da kommt aber ein anderer Pferdefuß zum Vorschein. Damit nämlich die Esse „zieht", müssen die Rauchgase eine bestimmte erhöhte Temperatur haben, um so mehr als ja CO_2 schwerer als Luft ist. Nun erfordert die Erwärmung eines Gases Energie — wir sahen ja schon, daß die Temperatur eines Gases durch die Bewegungsenergie seiner Molekeln bedingt ist —, und der erste Hauptsatz verlangt,

---

[1] Sog. „oberer Heizwert".

daß bei Temperaturerhöhung dieses Energie-Mehr dem Gase von außen zugeführt wird.

An Hand dieses Beispiels der Erwärmung eines Gases wollen wir zunächst einmal eine exakte mathematische Formulierung unseres I. Hauptsatzes einschalten. Die zugeführte Wärmemenge, die wir aufs Mol bezogen Q nennen wollen (abgegebene Wärmemengen heißen dann $-Q$), kann nämlich an dem Gase zweierlei bewirken: Einmal kann sie einfach dessen Temperatur erhöhen, d. h. die Bewegungsenergie seiner Molekeln und, was damit, wenn es überhaupt in Frage kommt, Hand in Hand geht[1], die innere Energie seiner Molekeln (Rotation, Atomschwingungen) erhöhen. Das, und nur das, ist der Fall, wenn die Erwärmung bei konstantem Volumen, d. h. in einem abgeschlossenen Gefäß, erfolgt. Diese Zunahme der Gesamtenergie oder inneren Energie heiße $-U$, die pro Grad Temperaturerhöhung nötige Wärmezufuhr („spezifische Wärme") bei konstantem Volumen c_v.

Es ist dann (immer bei konstantem Volumen):

$$\frac{dQ}{dT} = -\frac{dU}{dT} = c_v, \quad \text{weil} \quad Q = -U \text{ ist.}$$

Zweitens wird aber, wenn wir in einem offenen Gefäß erwärmen, das z. B. mit der Atmosphäre in Verbindung steht, also bei konstantem Druck erwärmen, außerdem eine Ausdehnung gemäß der Zustandsgleichung des Gases stattfinden (während im anderen Falle einfach der Druck stieg). Mit dieser Ausdehnung ist nun eine Leistung mechanischer Arbeit, nämlich die Zurückschiebung der drückenden Atmosphäre um ein der Volumzunahme entsprechendes Wegstück, verbunden. Man könnte auch etwa die Ausdehnung auf eine Pleuelstange wirken lassen und so direkt die Arbeit nutzbar machen (Heißluftmotor). Die Temperatur des Gases steigt dabei trotzdem, und daher müssen wir in diesem Falle mehr Wärme zuführen als bei konstantem Volumen, nämlich mehr um die geleistete Arbeit A. Wir haben jetzt als Gleichung des I. Hauptsatzes zu schreiben:

$$Q = A - U,$$

und wenn wir die spezifische Wärme bei konstantem Druck c_p nennen,

$$c_p = \frac{dQ}{dT} = -\frac{dU}{dT} + \frac{dA}{dT} = c_v + \frac{dA}{dT}.$$

Die spezifische Wärme bei konstantem Druck ist also größer als bei konstantem Volumen. Den Betrag, um den sie beim idealen Gase größer ist, können wir nun noch ausrechnen.

Entsprechend unserer obigen Überlegung ist die Arbeit Druck × Volumänderung, also auch

$$\frac{dA}{dT} = p \cdot \frac{dv}{dT}.$$

Nach dem Gasgesetz ist nun

---

[1] Vgl. Anm. auf S. 42.

$$v = \frac{RT}{p}, \quad \text{also} \quad \frac{dv}{dT} = R/p.$$

Damit wird $\frac{dA}{dT} = R = c_p - c_v$. R beträgt in Calorienmaß pro Mol Gas 1,89[1]. Das besagt also, daß ich einem Mol Gas, um es um einen Grad zu erwärmen, bei konstantem Druck 2 cal mehr zuführen muß als bei konstantem Volumen, weil es dabei Arbeit gegen den äußeren Druck leisten muß.

Nach dieser Abschweifung, von der wir später noch Gebrauch zu machen haben werden, kehren wir nun zu unserem Rauchgas zurück. Wir müssen ihm auf Kosten der Verbrennungswärme eine gewisse Temperatur (natürlich bei konstantem Druck) erteilen, damit es aufsteigt. Die Energie hierfür ist in Prozenten um so ·größer, je mehr Mole Rauchgas auf das Kilo Heizstoff entfallen. Damit sieht man leicht, daß der Anwendung von Luftüberschüssen zur Erzielung völliger Verbrennung eine wirtschaftliche Grenze gesetzt ist. Man sieht ferner, und das ist praktisch wichtig, daß eine Analyse des Rauchgases einen Überblick über den Nutzeffekt einer Feuerung liefert. Sein CO-Gehalt gibt die Verluste durch unvollständige Verbrennung an, sein $CO + CO_2$-Gehalt sowie Wasserdampfgehalt die Zusammensetzung des Brennstoffs und damit die totale Verbrennungswärme, seine Temperatur und die sämtlichen Komponenten (viel N_2) mit ihren spezifischen Wärmen bei konstantem Druck die Wärme, die durch die Esse abströmt. Es gilt nun, durch geeignete Mittel — Vorwärmung der Frischluft durch die Rauchgase, Windmaschinen, geeignete Konstruktion des Ofens und der Heizkammern — den Nutzeffekt trotz der notwendigen Verluste möglichst hoch zu steigern.

Wir haben vorhin die Arbeit R betrachtet, die ein Mol eines idealen Gases leistet, wenn es bei konstantem Druck um 1° erwärmt wird. Zu dieser Berechnung der Arbeit bei konstantem Druck — der isobaren Arbeit — wollen wir noch zwei weitere Berechnungen fügen: die der Arbeitsleistung bei einer Volumänderung bei konstanter Temperatur — isotherme Arbeit — und bei Volumänderung bei konstantem Energieinhalt — adiabatische Arbeit. Beide Werte brauchen wir zum Verständnis des sog. II. Hauptsatzes der Thermodynamik, die adiabatische Arbeit wird uns ferner einen Teil der in der Kälteindustrie vorkommenden Vorgänge verständlich machen.

Bei der Betrachtung der isobaren Arbeit haben wir dem Gase außer dem Arbeitsbetrage R pro Grad noch die innere Energie c_v pro Grad zugeführt und so erreicht, daß der Druck konstant blieb. Das ist nämlich nach den Gasgesetzen bei Volumvermehrung nur möglich, wenn die Temperatur erhöht wird, und eben das hat unsere Erhöhung der inneren Energie bedeutet. Nun aber wollen wir die isotherme Arbeit betrachten, also dem Gase nur soviel Energie von außen zuführen, daß eben noch trotz der Arbeitsleistung seine Temperatur dieselbe bleibt. Dann muß natürlich, während das Gas behufs Arbeitsleistung sein Volumen vermehrt, nach den Gasgesetzen zugleich sein

---

[1] Über R im mechanischen Maß (Druck $\times$ Volumen) s. S. 42.

Druck sinken. Die Arbeitsgröße ist dann nicht mehr einfach nach Druck × Volumänderung berechenbar, da ja jetzt sich von Augenblick zu Augenblick der Druck auch ändert. Nur für eine unendlich kleine Volumänderung können wir ihn als praktisch konstant ansehen und dann für die damit verbundene unendlich kleine Arbeit schreiben:

$$dA = p\,dv.$$

Um nun die gesamte Arbeit bei einer endlichen isothermen Ausdehnung vom Volumen v_1 des Mols bis auf v_2 zu finden, haben wir die Summe all der unendlich kleinen Arbeiten zu bilden. In der Fig. 30 bedeutet das, daß wir lauter schmale Streifen $p\,dv$ zusammenzusetzen haben zu der ganzen Fläche $ABCD$. Die Integralrechnung löst diese Aufgabe bekanntermaßen, indem sie schreibt:

$$A = \int\limits_{v_1}^{v_2} p\,dv.$$

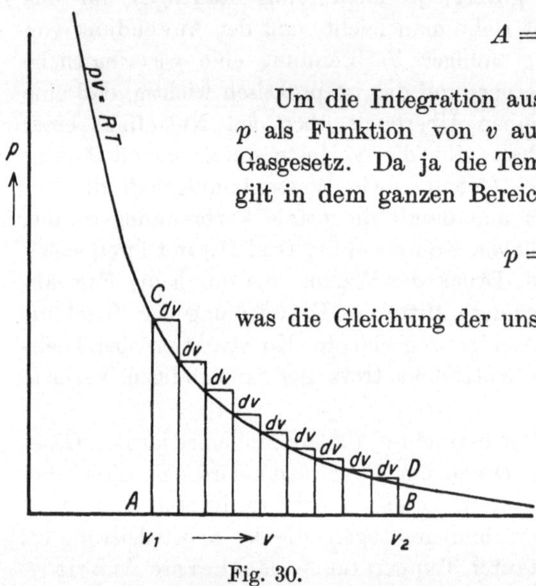

Fig. 30.

Um die Integration ausführen zu können, müssen wir p als Funktion von v ausdrücken. Dazu hilft uns das Gasgesetz. Da ja die Temperatur konstant bleiben soll, gilt in dem ganzen Bereich

$$p = \frac{RT}{v},$$

was die Gleichung der unsere Arbeitsfläche $ABCD$ oben begrenzenden, von Fig. 14 I bekannten Kurve ist. Wir haben nunmehr

$$A = RT \int\limits_{v_1}^{v_2} \frac{dv}{v}$$

oder, nach elementaren Regeln ausintegriert:

$$A = RT \cdot \ln \frac{v_2}{v_1}$$

für die isotherme Arbeit bei Änderung des Molvolumens von v_1 auf v_2. Da das Molvolumen der molaren Konzentration c reziprok ist, können wir auch setzen:

$$A = RT \ln \frac{c_1}{c_2},$$

eine Form, von der wir ebenfalls noch Gebrauch machen werden.

Übrigens muß man natürlich dieselbe Arbeit von außen am Gase leisten, um es um denselben Betrag zu komprimieren.

Für die adiabatische Arbeit ist die Rechnung etwas umständlicher. Hier, in dem Falle, daß sich das Gas in einem wärmeundurchlässigen Gefäß expandiert, bleibt sein Energieinhalt ungeändert, abgesehen von der Arbeit, die es nach dem I. Hauptsatz aus ihm bestreiten muß. Dies bedeutet natürlich eine Abkühlung, und nunmehr ist außer Volumen und Druck auch noch die Temperatur eine Veränderliche[1]. Es gilt zwar immer noch:

$$dA = p\,dv = \frac{RT}{v}\,dv,$$

jedoch weiterhin:

$$A = R\int_{v_1}^{v_2} \frac{T}{v}\,dv.$$

Um nun zu integrieren, müssen wir außer dem durch die Gasgleichung eliminierten p noch eine Variable, entweder T oder v, wegschaffen, d. h. eine Beziehung zwischen der Volumvermehrung und der Abkühlung hierbei aufsuchen. Diese wird uns offenbar der I. Hauptsatz liefern mit seiner Aussage, daß die Arbeit aus dem Wärmeinhalt des Gases bestritten werden muß. Für eine unendlich kleine Arbeit heißt dies:

$$- c_v\,dT = p\,dv = \frac{RT}{v}\,dv$$

oder

$$- c_v \cdot \frac{dT}{T} = R \cdot \frac{dv}{v} = - c_v\,d\ln T = R\,d\ln v$$

und integriert:

$$- \ln T = \frac{R}{c_v} \cdot \ln v + \text{konst}.$$

In Numeris:

$$T = \text{konst.}\, v^{-\frac{R}{c_v}},$$

$$T \cdot v^{\frac{R}{c_v}} = \text{konst}.$$

Erinnern wir uns noch, daß $c_p - c_v = R$ ist (S. 65), und bezeichnen wir $\frac{c_p}{c_v}$ mit k, so kommen wir zu der Gleichung der adiabatischen Volumänderung:

$$\boldsymbol{T \cdot v^{k-1} = \text{konst.}}$$

Sie stellt die gesuchte Beziehung zwischen Volum und Temperatur für unseren Fall dar. Es ist nun rechnerisch einfacher, aus unserer ersten Arbeitsgleichung zwecks Integration nicht das T durch v, sondern umgekehrt das v durch T auszudrücken und dann nach T zu integrieren, d. h. die Arbeitsleistung zu berechnen, die zu einer bestimmten Abkühlung gehört.

Aus der letzten Beziehung erhalten wir:

$$\ln T + (k - 1)\ln v = \ln \text{konst}.$$

---

[1] Das Gegenstück dieser Abkühlung ist natürlich wieder eine Erwärmung bei adiabatischer Kompression, z. B. in dem Schulversuch vom „pneumatischen Feuerzeug".

und differenziert:

$$d\ln v = -\frac{1}{k-1}\cdot d\ln T; \quad \text{ferner ist} \quad d\ln v = \frac{1}{v}\,dv \quad \text{und} \quad d\ln T = \frac{1}{T}\cdot dT\,.$$

Einsetzen liefert:

$$dA = -\frac{R}{k-1}\cdot dT\,, \quad \text{und} \quad A = -\frac{R}{k-1}\int\limits_{T_1}^{T_2} dT$$

oder

$$A = \frac{R}{k-1}\,(T_2 - T_1)\,.$$

Wir bemerken jetzt schon für später, daß also die adiabatische Arbeit stets dieselbe und nur von der Temperaturdifferenz bestimmt ist, wie groß auch das Molvolumen sein mag. Über ihr Verhältnis zur isothermen Arbeit ist zu sagen, daß sie zwischen der bei der Ausgangstemperatur und der bei der Endtemperatur liegt, wie man sich leicht an einer Figur nach Fig. 14 und 30 klarmacht, wenn man bedenkt, daß das Gas während der Ausdehnung zu tieferen Isothermen rutscht.

Berechnungen, wie die soeben ausgeführten, sind von größter Bedeutung für die Kälteindustrie und die Industrie der verflüssigten Gase. Wir erwähnten bereits auf S. 44, daß man in manchen Fällen die notwendige Abkühlung eines zu verflüssigenden Gases durch das Gas selbst ausführen läßt. Man ist darauf angewiesen, wenn ein Kältebad unterhalb der kritischen Temperatur des Gases anders überhaupt nicht erhältlich ist, wie es bei der Luftverflüssigung der Fall ist. Wir verstehen jetzt auch, wie eine solche Selbstabkühlung möglich ist.

Wenn es nämlich gelingt, ein Gas adiabatisch, d. h. ohne Wärmezufuhr von außen, Arbeit leisten zu lassen, so muß es sich nach unserer letzten Gleichung um so stärker abkühlen, je mehr Arbeit es leistet. Die Arbeitsleistung besteht dabei in einer Ausdehnung unter Überwindung eines äußeren Drucks, indem man z. B. das vorher komprimierte Gas in einer wärmeisolierten Anordnung auf einen Maschinenkolben wirken läßt. Wie man sieht, gewinnt man dabei einen Teil der aufgewandten Kompressionsarbeit zurück — nur einen Teil, denn wir sahen, daß die adiabatische Arbeit stets kleiner ist als die isotherme bei der Ausgangstemperatur, und diese ist die hineingesteckte Kompressionsarbeit.

Dieses Prinzip der Abkühlung durch adiabatische Arbeit ist aber nicht das einzige und nicht einmal das Wichtigste in der Luftverflüssigungsindustrie. Es kommt ein anderer Effekt hinzu. Als bekannt setzen wir voraus die gewöhnliche Ammoniakkältemaschine, in der man eine Abkühlung dadurch erzielt, daß verdunstendes Ammoniak seine Verdampfungswärme aus dem abzukühlenden Körper bezieht. Das läuft darauf hinaus, daß die Arbeit, die zur Zerreißung der zwischen den Molekeln wirkenden Restanziehungen (das ist nach Kap. I die Verdampfung) nötig ist, dem Wärmevorrat des Systems entnommen wird. Solche Effekte werden wir nun nicht nur bei der

Verdampfung zu erwarten haben, sondern immer dann, wenn der Abstand zwischen sich anziehenden Molekeln vergrößert wird. Also nicht bei der arbeitslosen Ausdehnung eines idealen Gases. (Wenn in unserer letzten Gleichung die äußere Arbeit Null wird, wird auch die Abkühlung $T_2 - T_1 = 0$). Nun sahen wir aber, daß die wirklichen Gase nicht ideal sind, sondern der Gleichung von *van der Waals* oder einer ähnlichen (S. 43) gehorchen, in der eine Anziehung zwischen den Molekeln auftritt, und auch eine Abstoßung (das „unkomprimierbare Volumen" ist nur ein vereinfachter Ausdruck für eine Abstoßung bei großer Nähe der Molekeln). Vergrößerung des Abstands wird also hier Arbeit gegen die Anziehung leisten müssen (etwa wie die Entfernung eines Elektrons vom anziehenden Kern, S. 2), und Arbeit aus der Abstoßung gewinnen, ähnlich wie aus einer Feder, die entspannt wird. Die ohne äußere Arbeit erfolgende Entspannung eines komprimierten **realen** Gases wird also doch eine Energie-, d. h. Temperaturänderung bewirken. Ob Abkühlung oder Erwärmung, das hängt davon ab, ob unter gegebenen Umständen Anziehung oder Abstoßung energetisch mehr ausmacht. Die Ausrechnung aus der *van der Waals*schen Gleichung lehrt nun, daß unterhalb gewisser Temperaturen (bei Luft $+600°$ C) die Abkühlung infolge Arbeit gegen die Anziehung („**innere Arbeit**") überwiegt und sich daher ein expandiertes Gas ohne äußere Arbeit (Ausströmen gegen Vakuum oder doch die Saugseite des zur isothermen Kompression dienenden Kompressors) abkühlt. Durch beliebig häufige Wiederholung (Gegenstrom, d. h. Vorkühlung des zu entspannenden Gases durch das entspannte, kalte) kann man dann die Temperatur (A in Fig. 14) der Kondensation für den Arbeitsdruck unterschreiten. Die Lindemaschine benutzt nur dieses Prinzip, andere Verfahren kombinieren es mit der Leistung „äußerer Arbeit", aber letztere allein reicht technisch nie aus.

II. Hauptsatz.

Wir haben aber in beiden Fällen zunächst Kompressionsarbeit aus einer fremden Quelle leisten müssen, um Abkühlung ohne Kältebad zu erzielen, d. h. Wärme von dem (nach Beginn der Abkühlung) kälteren Gas an die wärmere Umgebung gelangen zu lassen. „Freiwillig", d. h. ohne Arbeitsleistung von außen, geht ein derartiger Vorgang erfahrungsgemäß nie vor sich, sondern höchstens der umgekehrte, Wärmeübergang vom wärmeren zum kälteren Körper — Wärmeausgleich.

Das führt uns zu einem neuen und fundamentalen Naturgesetz, dem „II. Hauptsatz" der Wärmelehre, der uns etwas über die Richtung der Naturvorgänge aussagt, während der I. ja nur ihre Bilanz zieht, ohne zu sagen, „wie herum" die betreffende Energieumwandlung erfolgt. Wir werden sehen, daß dieser II. Hauptsatz für alle Vorgänge gilt, bei denen Energie umgesetzt wird, also auch für die chemischen. Mit seiner Hilfe kann man aussagen, welche Umsetzungen, die man stöchiometrisch und energetisch hinschreiben kann, nun auch wirklich vor sich gehen, und welche nicht. Mit diesem Grundgesetz der Chemie und natürlich auch der chemischen Technik müssen wir uns also vertraut machen.

Die Erfahrungstatsache, daß Wärme nie von selber auf einen heißeren Körper übergeht, kann man auch so aussprechen, daß es nicht ohne eine begleitende anderweitige unumkehrbare Änderung möglich ist, Wärme in Arbeit zu verwandeln. Würde nämlich Wärme von selber auf einen heißeren Körper übergehen, so wäre es möglich, in einem gleichtemperierten System (z. B. Weltmeer) ohne Arbeitsleistung eine heißere Stelle zu erhalten. Ihren Wärmeinhalt könnte man mit einer Dampfmaschine teilweise in Arbeit verwandeln. Der Nutzeffekt dieser Umwandlung möge uns hier nicht interessieren; der Rest der Wärme möge an das Weltmeer zurückfließen. Es entstünde so fortwährend mechanische Arbeit aus dem umgewandelten Teil der Wärme, und sonst würde sich nichts ändern, als daß das System (Weltmeer) kälter wird. Wir wissen aus Erfahrung, daß ein solcher Mechanismus, der dem Energieprinzip ja nicht widersprechen würde („Perpetuum mobile zweiter Art") nicht möglich ist, sondern daß immer und überall, wo sich Wärme in Arbeit verwandelt hat, zugleich auch irgend etwas anderes passiert ist, was von selbst vor sich geht, aber nicht von selbst rückgängig wird. Wenn wir z. B. ein Gas isotherme Arbeit $RT \ln \dfrac{v_2}{v_1}$ leisten lassen auf Kosten von Wärme, die wir ihm zuführen, um es isotherm zu halten, so wandelt es diese Wärme völlig in Arbeit um. Dafür ist es aber nachher auch ausgedehnt und zieht sich nicht mehr von selbst zusammen! Kontinuierlich kann man so nur eine begrenzte Wärmemenge in Arbeit verwandeln.

Ein anderer freiwillig verlaufender Vorgang ist eben der Ausgleich verschiedener Temperaturen zweier Körper, d. i. der Übergang von Wärme auf einen kälteren Körper. Auch diesen Vorgang kann man benutzen, um eine andere Wärmemenge in Arbeit zu verwandeln. In der Dampfmaschine geht Heizwärme des Kessels in Arbeit über; dafür geht aber eine gewisse (andere) Wärmemenge durch den Dampf vom Kessel in den kälteren Kondensor und freiwillig nicht mehr zurück. Auch hier kann man mit einer begrenzten Wärmemenge, die in den Kondensor geht, nur eine begrenzte (andere) Wärmemenge in Arbeit umwandeln.

Wenn man eine Temperaturdifferenz kontinuierlich (durch Heizen) aufrechterhält, kann man so Wärme kontinuierlich in Arbeit verwandeln, indem man kontinuierlich (andere) Wärme diese Temperaturdifferenz „hinunterfallen" läßt. Deshalb drückt man die Erfahrung des II. Hauptsatzes auch oft so aus, daß Wärme nur dann kontinuierlich (einmal geht's auch ohne Temperaturdifferenz mit dem idealen Gas; s. o.) in Arbeit zu verwandeln ist, wenn zugleich Wärme von einem heißeren auf einen kälteren Körper übergeht. Man kann offenbar auch sagen, daß man kontinuierlich Wärme nie vollständig in Arbeit überführen kann, weil eben dabei immer Wärme benötigt wird, die nur „herunterfällt".

Die große Frage ist nun die: Wieviel Prozent der den heißeren Körper verlassenden Wärme gehen bestenfalls in Arbeit über?

Wenn man heißen und kalten Körper einfach zur Berührung bringt, so strömt die Wärme über, ohne teilweise Arbeit zu geben. Es gilt also, einen geeigneten Mechanismus des Wärmetransports zwischen den beiden Körpern zu finden. — Wie sieht nun der geeignetste Mechanismus aus, welche Bedingungen muß er erfüllen? Er darf, wenn er eine Portion Wärme transportiert hat, dadurch seine Brauchbarkeit für die Umwandlung der nächsten Portion in keiner Weise eingebüßt haben, denn sonst würde er ja nicht alle Portionen mit dem maximal möglichen Nutzeffekt an Arbeit transportieren, und das verlangen wir von dem geeignetsten Mechanismus. Ebensowenig darf er sich natürlich im Laufe der Zeit verbessern, denn dann wäre er ja wieder zu Anfang nicht der bestmögliche gewesen. Daraus folgt: Der Mechanismus mit dem besten Nutzeffekt (der maximalen Arbeit) ist ein solcher, der nach Übertragung jeder Wärmeportion wieder genau in den Ausgangszustand zurückkehrt. Solche Vorgänge nennt man Kreisprozesse und, wenn sie in allen Stücken den Übertragungsmechanismus auf den Ausgangszustand zurückführen, reversible Kreisprozesse. Also:

Aus einer gegebenen Temperaturdifferenz wirtschaftet der reversible Kreisprozeß den maximalen mechanischen Nutzeffekt heraus.

Es wäre vielleicht noch möglich, daß es verschieden gut brauchbare reversible Kreisprozesse gäbe. Dann könnte man aber folgendes machen: Mit dem schlechteren transportiert man Wärme x von Heiß nach Kalt und verwandelt Wärme y in Arbeit y. Mit dem besseren Kreisprozeß, bei dem wenig Arbeit auf viel Wärme kommt, arbeitet man umgekehrt, leistet also Arbeit, um Wärme von Kalt nach Heiß zu befördern (Kältemaschine). Und zwar wird jetzt, wenn man dem heißen Körper eben seine verlorene Wärme $x + y$ wieder zustellt, dazu eine geringere Arbeit y' erforderlich sein. Sie muß zusammen mit der dem kalten Körper entzogenen Wärme x' wieder gleich $x + y$ sein. Also $x' - x = y - y'$, d. h. um so viel, als man Mehrarbeit gewinnt, verliert der kältere Körper Wärme, während der heiße Körper seinen Wärmeinhalt nicht ändert. Das vertrüge sich zwar mit dem I. Hauptsatz, wäre aber wieder ein Perpetuum mobile zweiter Art, sobald beide Vorgänge (Mechanismen) reversibel und damit das Schwindelmanöver kontinuierlich würde. Daraus schließen wir, daß es reversible Kreisprozesse von verschiedenem Nutzeffekt nicht gibt, und was für einen gilt, muß für alle, d. h. für die maximale Arbeit überhaupt, gelten.

Um diese angeben zu können, müssen wir also nur einen reversibeln Kreisprozeß ausfindig machen, dessen Wärme- und Arbeitsbilanz wir genau kennen. Einen solchen gibt es nun zufällig wirklich, nämlich dank unseren obigen Rechnungen läßt er sich aus der Expansion und Kompression eines idealen Gases zusammenstellen.

Wir denken uns zu diesem Zweck zwei große Thermostaten als Wärmereservoire, die gegeneinander die fragliche Temperaturdifferenz $T_1 - T_2$ besitzen sollen. Als Wärmeüberträger wählen wir eine beliebige Menge, z. B. 1 Mol, eines idealen Gases, eingeschlossen in einen Zylinder mit beweglichem Stempel. Das Gas befinde sich zunächst in dem wärmeren Behälter. Der Kreisprozeß, den wir ausführen, ist nun folgender (Fig. 31): Wir lassen das Gas bei der Temperatur T_1 sich isotherm ausdehnen vom Volumen v_1 auf v_2. Dann lassen wir es unter Wärmeisolierung, also adiabatisch, sich so

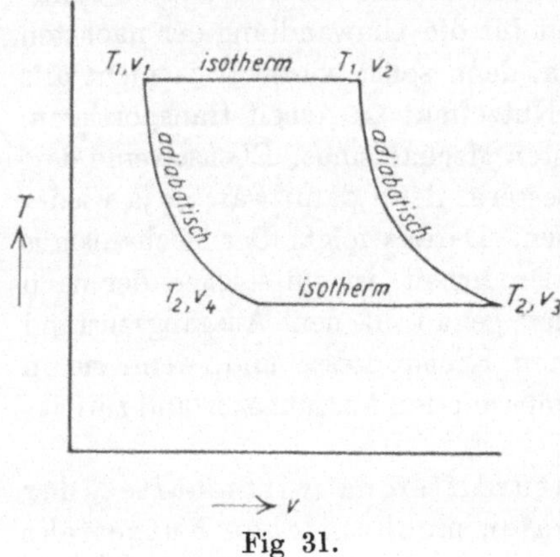

Fig 31.

weit ausdehnen, daß es sich durch diese Arbeitsleistung gerade auf die Temperatur T_2 des kälteren Behälters abkühlt. Dabei erreiche es das Volumen v_3. Wir können es jetzt ohne schädlichen (weil arbeitslosen) Wärmeübergang in den kälteren Behälter hineinbringen. Hier komprimieren wir es isotherm auf das Volumen v_4, das wir so wählen, daß eine nunmehrige adiabatische Kompression bis zum Volumen v_1 das Gas wieder genau auf die Ausgangstemperatur T_1 bringt. Damit ist unser Kreisprozeß geschlossen, und zwar reversibel hinsichtlich des Gases, also des Übertragungsmechanismus, und kann so beliebig oft wiederholt werden.

Betrachten wir nun, welche Wärme- und Arbeitsbeträge dabei umgesetzt wurden! Bei der Expansion von v_1 auf v_2 hat das Gas eine Arbeit $R T \ln \dfrac{v_2}{v_1}$ geleistet, da die Ausdehnung isotherm verlief. Diese Energie muß also als Wärme dem heißeren Behälter entzogen worden sein. Bei der isothermen Kompression in dem kalten Behälter haben wir umgekehrt die Arbeit $R T \ln \dfrac{v_3}{v_4}$ am Gase geleistet und diesen Energiebetrag so dem kälteren Behälter zu· geführt.

Die nach außen gewonnene Überschußarbeit beträgt somit:

$$A = RT_1 \ln \frac{v_2}{v_1} - R T_2 \ln \frac{v_3}{v_4} \,.$$

Nun ist v_2 mit v_1 und v_4 mit v_3 durch eine adiabatische Ausdehnung und deren Gleichung verbunden:

$$T \cdot v^{k-1} = \text{konst.}$$

Wenn somit bei b e i d e n adiabatischen Vorgängen Ausgangs- und Endtemperatur im g l e i c h e n Verhältnis ($T_2 : T_1$) zueinander stehen, so müssen das unter sich auch die Ausgangs- und Endvolumina, also:

$$\frac{v_2}{v_1} = \frac{v_3}{v_4} \,.$$

Damit wird die gewonnene Nutzarbeit:

$$A = R\,(T_1 - T_2) \ln \frac{v_2}{v_1} \,.$$

Wir haben dabei die am Gase bzw. vom Gase geleisteten adiabatischen Arbeiten weggelassen; dies dürfen wir, da sie ja der Erwärmung bzw. Abkühlung derselben Gasmenge um dieselbe Temperaturdifferenz $T_1 - T_2$ dienen, also sich wegheben (s. S. 68).

Welche Wärmemenge mußte nun übertragen werden, um den berechneten Arbeitsgewinn zu erzielen? Der heißere Behälter hat die Wärmemenge $Q_1 = R T_1 \ln \dfrac{v_2}{v_1}$ verloren, der kältere die (um den Arbeitsbetrag natürlich kleinere) $Q_2 = R T_2 \ln \dfrac{v_2}{v_1}$ gewonnen. Beziehen wir uns auf die vom wärmeren Behälter abgegebene Wärme Q_1, so erhalten wir also für den Nutzeffekt:

$$\frac{A}{Q_1} = \frac{T_1 - T_2}{T_1}.$$

Da das Ergebnis von der Art des benutzten Kreisprozesses unabhängig sein muß, wie wir sahen, so stellt dieses Ergebnis den maximal erreichbaren Nutzeffekt von Wärmekraftmaschinen überhaupt dar. Reibungs- und andere Verluste können ihn natürlich vermindern, da solche Maschinen dann unvollkommene Umwandlungsmechanismen darstellen. Aber vergrößern läßt er sich prinzipiell nicht.

Wir wollen unsere Gleichung noch in differenzieller Form hinschreiben, d. h. für den Grenzfall, daß die Temperaturdifferenz unendlich klein wird. Dann wird es die Arbeit natürlich auch, und wir haben für konstantes Volumen zu schreiben:

$$dA = \frac{Q\,dT}{T} \quad \text{oder} \quad Q = T \cdot \frac{dA}{dT}.$$

In dieser Form spricht man den II. Hauptsatz auch aus: Bei jedem Prozeß ist die auftretende Wärme gleich der absoluten Temperatur, multipliziert mit dem Temperaturkoeffizienten der Arbeitsfähigkeit des Systems.

Kombinieren wir diese Gleichung noch mit der für den I. Hauptsatz, so folgt:

$$A - U = T\frac{dA}{dT}.$$

Chemisches Gleichgewicht.

Diese sog. „*Helmholtz*sche Gleichung" verknüpft Arbeitsleistung und innere Energieänderung, oder für die uns interessierenden chemischen Vorgänge Arbeit und Wärmetönung. Natürlich müssen wir, um sie auf solche Vorgänge anzuwenden, diese reversibel ablaufend denken, denn nur auf solche ist der Begriff der maximalen Arbeit A anwendbar. Tun wir dies, so gelangen wir zu sehr wichtigen Sätzen über die Lage chemischer Gleichgewichte und damit über die Richtung der bei gegebenem Komponentenverhältnis ablaufenden Umsetzung.

Die betrachtete Reaktion sei eine solche zwischen idealen Gasen und laute:

$$mA + nB + oC = pD + qE + U\,\text{cal}.$$

Es habe A die Konzentration c_a, B die Konzentration c_b usw. Wir müssen
nun die Arbeit berechnen, die geleistet wird, wenn m Mol A mit n Mol B
und o Mol C unter den angegebenen Konzentrationen reversibel zu p Mol D
und q Mol E von den angegebenen Konzentrationen sich umsetzen. Der Umsatz dieser Molzahlen läßt die angegebenen Konzentrationen natürlich nur
dann ungeändert, wenn er die im Reaktionssystem vorhandenen Mengen
A, B, C, D, E praktisch ungeändert läßt, d. h. wenn die vorhandene Molzahl
groß gegen m, n, o, p, q ist. Und reversibel ist der Umsatz nur dann, wenn wir
ihn ohne Widerstände, d. h. auf dem Wege über einen Behälter leiten, in dem
Gleichgewicht herrscht. Die Gleichgewichtskonzentrationen sind uns dabei
zunächst unbekannt, wir wünschen ja auch gerade über sie, als einzige Unbekannten, etwas zu erfahren.

Wir bringen also zunächst unsere Ausgangsgase A, B, C isotherm und
reversibel in den Gleichsgewichtsbehälter und auf die ihnen im Gleichgewicht
zukommenden Konzentrationen C_a, C_b, C_c und gewinnen dabei die Arbeit (S.66):

$$m\,RT \ln \frac{c_a}{C_a} + n\,RT \ln \frac{c_b}{C_b} + o\,RT \ln \frac{c_c}{C_c}.$$

Ferner bringen wir aus dem Gleichgewichtsbehälter heraus die entsprechenden
Mengen Endgase D, E auf ihre gewünschten Endkonzentrationen c_e und c_d.
Dabei leisten wir die Arbeit:

$$p\,RT \ln \frac{C_d}{c_d} + q\,RT \ln \frac{C_e}{c_e}.$$

Die gesamte Arbeit können wir dann auch schreiben:

$$A = RT \ln \frac{c_a^m \cdot c_b^n \cdot c_c^o}{c_d^p \cdot c_e^q} - RT \ln \frac{C_a^m \cdot C_b^n \cdot C_c^o}{C_d^p \cdot C_e^q}.$$

(Der aus den C zusammengesetzte Ausdruck ist dann nämlich, wie wir sehen
werden, eine von den gewählten Ausgangs- und Endkonzentrationen unabhängige, dem Gleichgewichtszustand charakteristische Konstante für die
betreffende Temperatur, s. u.) Wir nennen sie K'.

Um in die *Helmholtz*sche Gleichung einzusetzen, haben wir noch zu bilden
$\dfrac{dA}{dT}$. Das gibt, da die Ausgangskonzentrationen unabhängig von der Temperatur T gewählt werden können[1]:

$$\frac{dA}{dT} = R \ln \frac{c_a^m \cdot c_b^n \cdot c_c^o}{c_d^p \cdot c_e^q} - R \ln K' - RT \frac{d \ln K'}{dT}.$$

Erweitern wir mit T und setzen ein in $A - U = T \cdot \dfrac{dA}{dT}$, so heben sich
die Glieder $RT \ln \dfrac{c_a^m \cdot c_b^n \cdot c_c^o}{c_d^p \cdot c_e^q}$ und $RT \ln K'$ heraus. Das bedeutet, daß die
Konstante K' des Gleichgewichts von den gewählten Ausgangs-
drucken nicht abhängt! Wir kommen zu der Gleichung:

---

[1] Bei konstantem Volumen; die *Helmholtz*sche Gleichung verlangt Differentiation
bei konstantem Volumen.

$$-U = -RT^2 \cdot \frac{d\ln K'}{dT}$$

oder

$$\frac{d\ln K'}{dT} = \frac{U}{RT^2}, \quad \text{wo} \quad K' = \frac{C_a^m \cdot C_b^n \cdot C_c^o}{C_d^p \cdot C_e^q} \text{ ist.}$$

Wir wollen nun auch noch, da das für viele praktische Rechnungen bequemer ist, die entsprechenden Gleichungen für **Drucke** statt **Konzentrationen** aufstellen. (Wir haben mit Konzentrationen gerechnet, da bei gegebenem Volum, das die *Helmholtz*sche Gleichung ihrer Ableitung gemäß fordert, nur die Konzentrationen als temperaturunabhängig behandelt werden können.)

Zwischen Druck und Konzentration gilt die Beziehung:

$$p = RTc,$$

und daher ist, wie man leicht sieht,

$$K' = \frac{p_a^m \cdot p_b^n \cdot p_c^o}{p_d^p \cdot p_e^q} \cdot (RT)^{p+q-m-n-o},$$

wo die P nunmehr Gleichgewichtsdrucke bei konstantem Gesamtdruck bedeuten. Dafür wollen wir noch schreiben:

$$K' = K \cdot (RT)^{\Delta \nu}.$$

Es ist dann

$$\frac{d\ln K'}{dT} = \frac{d\ln K}{dT} + \frac{\Delta \nu}{T}$$

und

$$-U = -RT^2 \cdot \frac{d\ln K}{dT} - \Delta\nu RT.$$

Nun ist $RT = pv$ die Arbeit, die bei Entstehung eines neuen Mols Gas gegen den äußeren Druck geleistet wird, also $+\Delta\nu RT$ die Arbeit, die die bei der Reaktion neu entstehenden $+\Delta\nu$ Mole leisten, d. i. die äußere Arbeit der Reaktion, wenn sie bei konstantem Druck verläuft. Wir haben also

$$\Delta\nu RT = A, \quad \text{und wegen} \quad A - U = Q:$$

$$Q = -RT^2 \cdot \frac{d\ln K}{dT}$$

oder

$$\frac{d\ln K}{dT} = \frac{-Q}{RT^2}, \quad \text{wo} \quad K = \frac{P_a^m \cdot P_b^n \cdot P_c^o}{P_p^d \cdot P_e^q} \text{ ist}.$$

Diese für konstanten Druck geltende Form, in der die Wärmeentwicklung statt der gesamten Energieänderung auftritt, geht für den Fall, daß keine Änderung der Molekelzahl beim Umsatz eintritt (z. B. $N_2 + O_2 = 2\,NO$), also für $\Delta\nu = 0$ und $A = 0$, in die frühere Fassung für konstantes Volumen über.

Der II. Hauptsatz hat uns so zwei wichtige Aussagen über das chemische Gleichgewicht geliefert, die wir getrennt diskutieren wollen. Einmal bedeutet

die Konstanz des Bruches K für eine Temperatur, daß das Gleichgewicht
gekennzeichnet ist durch ein bestimmtes Verhältnis der Partialdrucke der
reagierenden Komponenten. Vergrößert man die Mengen von A oder B
oder C, so gehen dadurch die Mengen D und E auch in die Höhe, so lange,
bis der für die betreffende Temperatur geltende Wert von K wiederhergestellt
ist. Da so eine Massenvermehrung auf einer Seite der chemischen Gleichung
einen Umsatz in Richtung auf die andere Seite bewirkt, nennt man die Konstanz von K für eine Temperatur das Gesetz der chemischen Massen-
wirkung[1].

Die zweite Aussage, zu der wir gelangt sind, ist die Art, in der dieses K
sich mit der Temperatur ändert. Wir sehen, diese Änderung bedeutet ein
Steigen mit steigender Temperatur (positiven Differentialquotienten) dann,
wenn U, die Abnahme der Gesamtenergie, positiv ist. Also wenn die Reaktion
Wärme entwickelt, wird mit steigender Temperatur K größer, es überwiegen
dann die Ausgangsstoffe bei höheren Temperaturen immer mehr über die
Endstoffe; exotherme Reaktionen werden durch höhere Temperaturen zurückgedrängt, und umgekehrt. Man kann auch sagen, einer
Wärmezufuhr (Erwärmung) weicht das Gleichgewichtsgemisch durch wärme-
absorbierende Umsatzrichtung aus. Insofern ist unsere Gleichung ein Ausdruck für das allgemeine „Prinzip vom kleinsten Zwange". Sonst heißt sie
auch die Reaktionsisochore (von choros = Volumen, weil sie sich auf
Umsatz bei konstantem Volumen bezieht).

Diese beiden Gesetze, die, wenigstens grundsätzlich, für jede chemische
Reaktion auszusagen gestatten, nach welcher Seite und wie weit und unter
welchen Umständen am weitesten sie verläuft, sind natürlich von größter
Wichtigkeit für die Industrie solcher Reaktionen, auf die sie sich beziehen,
und tatsächlich haben wir eine Großindustrie der Gasreaktionen erst
seit der Kenntnis dieser Gesetze. Es kann im folgenden angesichts ihres
hohen Entwicklungsstandes nicht versucht werden, diese Industrie irgendwie
auch nur zum größeren Teile physikalisch-chemisch durchzusprechen, wir
wollen aber doch an einigen Beispielen betrachten, was uns die chemische
Thermodynamik für die technische Ausgestaltung von Gasreaktionen lehrt.
Wir beginnen mit dem Massenwirkungsgesetz.

Das Bestreben wird immer sein, im Endgas der Reaktion einen recht hohen
Prozentsatz des gewünschten Reaktionsprodukts zu erhalten, oder genauer,
das Ausbringen in Prozent des eingehenden wertvollsten Rohstoffes möglichst
zu steigern. Im Falle des Kontaktschwefelsäureprozesses z. B. wird
es auf hohe Werte des Verhältnisses $SO_3 : SO_2$ ankommen. Nun gilt:

$$K = \frac{(SO_2)^2 \cdot O_2}{(SO_3)^2},$$

---

[1] Insofern als der zweite Hauptsatz auch für nicht gasförmige Phasen, wofern nur
in ihnen für jede Komponente eine Zustandsgleichung existiert, die in den Ausdruck
der isothermen Arbeit eingeht, eine solche zwangsläufige Verknüpfung aller Konzentrationen (Partialdrucke) der Phase liefert, kann auch die Phasenregel, bei der wir ja eine
solche Verknüpfung voraussetzen mußten, als eine Forderung des zweiten Hauptsatzes
angesehen werden.

wo immer die chemischen Symbole den Partialdruck des betreffenden Gases nach erreichtem Gleichgewicht bedeuten. Daraus folgt:

$$\frac{SO_3}{SO_2} = \sqrt{\frac{O_2}{K}},$$

d. h. das Ausbringen wird, bezogen auf angewandtes SO_2, steigen mit Sauerstoffüberschuß. Bei 600° z. B., wo Eisenoxydkontakte (S. 32, Mannheimer Verfahren) etwa wirksam sind, liefert das „stöchiometrische Gemisch" ($^2/_3$ SO_2 und $^1/_3$ O_2) 76 Proz. Ausbeute, ein Gemisch mit dem umgekehrten Verhältnis dagegen, also mit Sauerstoffüberschuß, 88 Proz., wie man daraus leicht durch Aufstellen der Konstante K ausrechnet. Die Technik zieht daraus die Lehre, mit Sauerstoff-(Luft-)überschuß zu arbeiten.

In diesem Falle sind infolge günstiger Lage des Gleichgewichts die Ausbeuten an sich hoch und gehen unter günstigeren Temperaturen (Platinkontakt) sogar bis in die Nähe von 100 Proz., da K dann sehr klein ist.

In anderen Fällen kann es aber vorteilhaft sein, nach noch anderen Mitteln zur Erhöhung der Ausbeute zu suchen. Ein solches bietet das Massenwirkungsgesetz in Form der Wahl eines geeigneten Druckes. Ändert sich bei der Reaktion die Molekelzahl nicht, so wird dieses Mittel ohne Einfluß bleiben, wie z. B. bei der Stickoxydsynthese $N_2 + O_2 = 2\,NO$. Hier gilt

$$K = \frac{N_2 \cdot O_2}{(NO)^2},$$

oder, wenn n_2, o_2, no die Bruchteile vom Gesamtdruck P bedeuten:

$$K = \frac{n_2 P \cdot o_2 P}{(n\,o\,P)^2} = \frac{n_2 \cdot o_2}{(n\,o)^2}.$$

Das Ausbringen no in Prozenten vom Gesamtgas wird also

$$n\,o = \sqrt{\frac{n_2 \cdot o_2}{K}}$$

und hängt nur von dem Prozentverhältnis der Komponenten ab, nicht aber vom Druck. Eine Abweichung vom bequemen Atmosphärendruck hätte sonach keinen Gewinn zur Folge.

Anders liegt es, wie sich leicht zeigen läßt, bei Reaktionen, bei denen die Zahl der Gasmolekeln beim Umsatz sich ändert. Von Wichtigkeit ist das geworden für die *Haber-Bosch*sche Ammoniaksynthese: $N_2 + 3\,H_2 = 2\,NH_3$, wo aus 4 Molekeln 2 werden. Die Konstante K ist hier derart groß, daß unter Atmosphärendruck bei 500° das stöchiometrische Gemisch nur 0,13 Proz. Ammoniak liefert, eine für technische Zwecke wegen Absorptionsschwierigkeiten ungenügende Konzentration. Eine Betrachtung analog der oberen für Stickoxyd liefert aber hier:

$$K = \frac{n_2 P \cdot h_2{}^3 P^3}{n\,h_3{}^2 P^2} = \frac{n_2\,h_2{}^3 P^2}{n\,h_3{}^2} \qquad \text{und} \qquad n\,h_3 = \sqrt{\frac{n_2\,h_2{}^3}{K}} \cdot P,$$

d. h. die prozentische Ausbeute steigt hier direkt proportional mit dem Druck an. Bei 100 Atm erhält man demnach schon 13 Proz., und wenn man die

Druckverminderung durch diesen schon merklichen Umsatz bedenkt, immer noch 10,8 Proz., bei 200 Atm Ausgangsdruck, womit die Technik ungefähr arbeitet, sogar 18 Proz. Es ist bekannt, daß erst die technische Handhabung so hoher Drucke das Verfahren zu dem gemacht hat, was es heute für die Weltstickstoffwirtschaft bedeutet.

Betrachten wir die Verhältnisse einen Augenblick vom Standpunkt der Phasenlehre (s. vor. Kap.!). Wir können das System in beliebigem Mischungsverhältnis zusammensetzen aus zwei Komponenten, etwa Stickstoff und Wasserstoff oder Ammoniak und Stickstoff, haben also zwei Komponenten in einer, der Gasphase. Die Gleichung

$$P + F = n + 2$$

liefert demnach drei Freiheitsgrade. Nachdem wir also über Temperatur und Druck verfügt haben, können wir immer noch über z. B. das Verhältnis $N_2 : H_2$ verfügen. Eine weitere Freiheit besteht nicht, denn das Massenwirkungsgesetz legt nunmehr den Ammoniakpartialdruck fest. Eine solche bedingte Freiheit der Gaszusammensetzung wird bei allen reinen Gasgleichgewichten bestehen, denn nur wenn $n = 1$ ist, sind die Freiheitsgrade mit Temperatur und Druck erschöpft (Zustandsgleichung der Gase). Homogene (einphasige) Gasgleichgewichte sind demnach „unvollständige" Gleichgewichte.

Anders wird es, wenn eine zweite Phase ins Spiel kommt. Das ist z. B. der Fall bei einer Reaktion, die im Hochofen eine große Rolle spielt, der Kohlenoxydspaltung, auf die wir unten nochmals zurückkommen:

$$2\,CO = C + CO_2 .$$

Es muß für die Lage des Gleichgewichts ohne Bedeutung sein, durch welchen Reaktionsmechanismus es sich einstellt, sonst könnte man durch Gegeneinanderschalten zweier Mechanismen ständig das Gleichgewicht verschieben, also Arbeit leisten, ohne Arbeit aufzuwenden (Perpetuum mobile zweiter Art). Stellen wir uns deshalb vor, die Reaktion verliefe so, daß der Kohlenstoff, der entsteht, zunächst gasförmig ist und dann kondensiert wird, und umgekehrt für die Rückreaktion Kohlenstoffdampf verbraucht wird, der von der festen Kohle stets nachgeliefert wird. Dann haben wir zunächst mit einer reinen Gasreaktion zu tun und können schreiben:

$$K = \frac{(CO)^2}{C \cdot CO_2} .$$

Nun ist C als konstant, nämlich als der Dampfdruck der festen Kohle bei der betreffenden Temperatur, zu denken. Dann können wir aber C mit K zusammennehmen und schreiben:

$$K = \frac{(CO)^2}{CO_2}\,^1 .$$

Man überzeugt sich leicht, daß damit bei jedem Druck die Gaszusammensetzung CO/CO_2 festgelegt ist. Dasselbe Resultat liefert natürlich die Phasen-

---

[1] In dieser Weise sind alle Gasreaktionen unter Beteiligung fester Phasen zu behandeln, z. B. die Kalkbrennerei, wo aus $K = \dfrac{CaCo_3}{CaO \cdot CO_2}$ einfach wird: $K = \dfrac{1}{CO_2}$.

lehre, denn bei zwei Komponenten in zwei Phasen (Gas und feste Phase) beträgt die Zahl der Freiheiten nur zwei, Temperatur und Druck. Erzwingt man eine „verbotene" Gaszusammensetzung, so wird eine Phase abnehmen. Bei zu viel Kohlenoxyd wird dann Kohle abgeschieden, bis die Gasmischung entsprechend verändert ist. Das ist der Fall in den oberen, kälteren Teilen des Hochofens, wo so die zur „indirekten Reduktion" der Erze dienende, im Übermaß das „Hängenbleiben" der Beschickung bewirkende Kohle entsteht. Im unteren, heißeren Teil, wo das durch Kohlenverbrennung in Frischluft entstandene CO_2 das hier nach links verschobene Gleichgewicht überschreitet, wird dagegen die andere Phase verzehrt, es verschwindet Kohle, d. h. bei hohen Temperaturen wird Kohle nur zu CO verbrannt. Man findet demgemäß schon dicht über dem Lufteintritt kein CO_2 mehr im Hochofen.

Eine Reaktion, bei der solche phasentheoretischen Überlegungen in Zusammenhang mit dem Massenwirkungsgesetz zu interessanten Folgerungen führen, ist noch die sog. Wassergasreaktion. Wenn man über (durch intermittierende teilweise Verbrennung) erhitzte Kohle Wasserdampf bläst, so sind zwei Reaktionen möglich:

$$\text{I.} \quad C + H_2O = CO + H_2 - 28{,}6 \text{ Cal.}$$
$$\text{II.} \quad C + 2\,H_2O = CO_2 + 2\,H_2 - 18{,}0 \text{ Cal.}$$

Beide Vorgänge liefern ein brennbares Gas; da aber beide Energie (aus Kohle) verbrauchen (also die Kohle „kaltblasen"), dient die Wassergaserzeugung nicht einer etwa wirtschaftlicheren Form der Kohlenverbrennung, sondern der Erzeugung eines Gases zur Erzielung hoher Temperaturen für Spezialzwecke. Um so mehr wird man also darauf bedacht sein, den Vorgang zu begünstigen, der das Gas mit der höheren Verbrennungswärme je Volumeinheit liefert. Vorgang I, der ja auch mehr Wärme schluckt, liefert ein Gas mit 68 Cal pro Molvolumen (22,4 l), Vorgang II ein solches mit nur 45,4 cal. Es kommt also darauf an, I, also die CO-Bildung, zu begünstigen.

Um das Massenwirkungsgesetz anwenden zu können, kombinieren wir beide Reaktionen zu einer, die zum Gleichgewicht führen muß:

$$\text{I.} \quad C + H_2O = CO + H_2,$$
$$\text{II.} \quad C + 2\,H_2O = CO_2 + 2\,H_2,$$
$$\overline{\text{I.—II.} \quad CO_2 + H_2 = CO + H_2O\,.}$$

Diese Reaktion nennt man das „Wassergasgleichgewicht". Es gilt dafür:

$$K = \frac{CO_2 \cdot H_2}{CO \cdot H_2O}\,.$$

Man sollte also meinen, daß man das Verhältnis CO/CO_2, auf das es ankommt, bei jeder Temperatur und jedem Druck in der Hand habe, da es ja immer noch durch das Verhältnis H_2/H_2O regulierbar ist bzw. umgekehrt. Auch die Phasenlehre liefert das gleiche. Drei Komponenten (etwa CO, CO_2, H_2) in einer Phase geben vier Freiheitsgrade: Temperatur, Druck, CO_2-Partialdruck und den nun noch verfügbaren CO-Druck. Das Verhältnis H_2/H_2O liegt dann ebenso fest, wie diese Einzelwerte (wegen des festgelegten Gesamtdrucks).

Wir dürfen aber nicht vergessen, daß sich unser Vorgang an fester Kohle und in Wechselwirkung und Gleichgewicht mit dieser vollzieht. Damit tritt eine Phase mehr hinzu, eine Freiheit entfällt, und mit Temperatur und Druck und einem Partialdrucke sind alle übrigen Drucke festgelegt. Anders, massenwirkungsgemäß, ausgedrückt: Das oben betrachtete heterogene (mehrphasige) Gleichgewicht

$$2\,CO = C + CO_2$$

lieferte ja für jeden Druck bei einer bestimmten Temperatur ein bestimmtes Verhältnis CO/CO_2. Damit liegt nach dem K für das Wassergasgleichgewicht auch H_2/H_2O und also mit einem Partialdruck alle übrigen fest. Es existiert also für jeden Druck ein zwangsläufig zusammengesetztes, sog. „ideales Wassergas".

Und doch besteht eine Möglichkeit, die Zusammensetzung zu beeinflussen, wenn wir nämlich von den anderen Freiheiten als dem Verhältnis H_2/H_2O Gebrauch machen. Den Temperatureinfluß werden wir bei der Isochore gesondert besprechen und jetzt nur den Druckeinfluß betrachten. Die Wassergasreaktion scheint ja zunächst, weil ohne Änderung der Molekelzahl verlaufend, gegen Druckveränderung völlig unempfindlich zu sein; erinnern wir uns jedoch der Gleichung für die Kohlenoxydspaltung:

$$K = \frac{(CO)^2}{CO_2},$$

so folgt daraus für das Verhältnis

$$\frac{CO}{CO_2} = \frac{K}{CO}\,.$$

Mit steigendem Partialdruck CO, d. h. auch mit steigendem Gesamtdruck, fällt also das Verhältnis CO/CO_2. Um nun die Wassergaskonstante konstant zu erhalten, fällt damit auch das Verhältnis H_2/H_2O. Das bedeutet aber beides, daß der Brennwert des Gases zurückgeht. Man sieht das auch direkt ein: bei Reaktion I werden aus einer Molekel zwei, bei Reaktion II aus zwei Molekeln drei. Beide werden also durch Druckerhöhung zurückgedrängt, was den Wasserdampfgehalt vergrößert, und zwar die das bessere Gas liefernde Reaktion I noch stärker als II, was den CO_2-Gehalt vergrößert. Man wird daraus die Lehre ziehen, die Vergasung unter nicht zu hohem Druck der Reaktionspartner, d. h. des eingeblasenen Wasserdampfs, vorzunehmen[1]. Der Gehalt an brennbaren Gasen bei 600° geht von 79 Proz. bei 0,1 Atm H_2O auf nur 34 Proz. bei 100 Atm H_2O zurück. Wie man das durch Temperaturänderung ausgleichen kann, werden wir später sehen, ebenso, warum das technische Wassergas nun doch nicht das „ideale" ist.

Wir gehen nunmehr zu der Betrachtung des zweiten, wichtigeren Faktors für die Lage chemischer Gleichgewichte, der Temperatur, über, nachdem wir diese soeben stets als festgelegt angesehen haben. Wir sahen schon, daß

---

[1] Man arbeitet daher vorteilhaft mit überhitztem Dampf, d. h. solchem, der einen geringeren Druck besitzt als den Dampfdruck bei seiner naturgemäß hohen Temperatur.

sich die für eine Temperatur konstante Zahl K mit der Temperatur ändert gemäß der Gleichung

$$\frac{d\ln K}{dT} = \frac{-Q}{RT^2},$$

und daß das bedeutet, daß Temperatursteigerung stets die endotherme Seite begünstigt. In welchem Maße das geschieht, hängt von der Größe der Wärmetönung Q der Reaktion ab. Bedenken wir, daß in obiger Gleichung der Logarithmus von K, also eine wenig empfindliche Größe, vorkommt, so erhellt, daß die Temperaturabhängigkeit der Gleichgewichte eine ganz gewaltige und daher ausschlaggebend wichtige sein wird.

Zunächst ist klar, daß die Gleichung, da sie nur den Differentialquotienten enthält, nie etwas über den absoluten Wert der Gleichgewichtskonstanten aussagen kann, genau wie ja die *Helmholtz*sche Gleichung immer nur die Veränderung der maximalen Arbeit mit der Temperatur, nie aber diese selbst liefert. (Wir werden alsbald Gedankengänge kennenlernen, die durch Einführung eines neuen Moments diese Lücke schließen.) Um nun unsere Isochore praktisch zu benutzen, also von einem Einzelwert von K, der gemessen sein muß, auf den anderen zu schließen, werden wir sie vorteilhaft zwischen zwei Temperaturen, der Meßtemperatur und der, über deren Gleichgewicht wir Aufschluß wünschen, integrieren, d. h. von einer unendlich kleinen Änderung zu einer endlichen übergehen:

$$\int_{K_1}^{K_2} d\ln K = \int_{T_1}^{T_2} \frac{-Q\,dT}{RT^2}.$$

Zur Ausführung der Integration müßten wir Q als Funktion der Temperatur kennen, da es, wie wir später sehen werden, im allgemeinen eine solche ist. Nehmen wir aber die Temperaturspanne nicht allzu weit, so können wir innerhalb dieser Spanne Q als konstant ansehen und erhalten dann:

$$\int_{K_1}^{K_2} d\ln K = \frac{-Q}{R}\int_{T_1}^{T_2}\frac{dT}{T^2} = \ln K_2 - \ln K_1 = \frac{-Q}{R}\left(\frac{1}{T_1} - \frac{1}{T_2}\right).$$

Man sieht, daß man hieraus bei Kenntnis der Wärmetönung Q aus einem Gleichgewichtswert den bei einer nicht allzu weit verschiedenen Temperatur errechnen kann.

Nehmen wir an, wir hätten für die A m m o n i a k s y n t h e s e einen schon bei 400° C wirkenden Katalysator entdeckt und stünden daher vor der Aufgabe, zu errechnen, wieviel Ammoniak wir mit diesem aus einem stöchiometrischen Stickstoff-Sauerstoffgemisch erhalten können. Unsere obige Angabe, daß bei 500° (773° abs.) und 100 Atm 10,8 Atm Ammoniak gebildet werden, liefert zunächst durch Ausrechnen und Einsetzen sämtlicher Partialdrucke $K_{773} = 855$ und $\log K_{773} = 2,932$.

Die Wärmetönung beträgt auf Grund calorimetrischer Bestimmung in diesem Temperaturbereich 26 000 cal pro Mol, also für die zwei Mol in unserer

Gleichung 52 000 cal. Wir haben so (mit dekadischen Logarithmen, wo $R \cdot$ Modulus $= 4{,}57$ beträgt):

$$\log K_{673} = \log K_{773} - \frac{52\,000}{4{,}57}\,(0{,}00149 - 0{,}001295)\,.$$

Das ergibt 0,712 und für $K_{673} = 5{,}15$.

Nehmen wir dieses Resultat zusammen mit dem stöchiometrischen Mischungsverhältnis (das ja bei jeder Umsatzgröße erhalten bleibt) und dem Gesamtdruck 100 Atm, so erhalten wir eine Zusammensetzung von

$$
\begin{aligned}
2{,}75 \text{ Atm. } & \mathrm{N_2}\,, \\
8{,}25 \quad\ ,, \quad\ & \mathrm{H_2}\,, \\
89{,}0 \quad\ ,, \quad\ & \mathrm{NH_3}\,.
\end{aligned}
$$

Unsere Erfindung könnte also die Ausbeute nahezu verneunfachen! Leider ist sie noch nicht gemacht, man sieht aber, welche Wichtigkeit bei dem starken Temperatureinfluß die Auffindung kaltwirkender Katalysatoren haben könnte. Das gilt für alle exothermen Gasreaktionen, und dahin gehören in der Technik außer der Ammoniaksynthese die Ammoniakverbrennung zu NO nach *Ostwald*, die Kontaktschwefelsäureerzeugung, die Oxydation von Chlorwasserstoff zu Chlor nach Deacon, die (heterogene) Bindung von Stickstoff an Calciumcarbid zu Kalkstickstoff nach *Frank-Caro*, die Vereinigung von Kohlenoxyd und Wasserstoff zu Methanol (Badische Anilin- u. Soda-Fabrik).

Es ist natürlich wünschenswert, das Gleichgewicht auch über größere Temperaturintervalle beherrschen, d. h. es für eine von der Meßtemperatur beliebig entfernte Temperatur berechnen zu können. Dazu müssen wir, wie schon bemerkt, bei der Integration die Veränderlichkeit der Wärmetönung ins Auge fassen. Was wissen wir nun darüber? Die Wärmetönung ist, wie eingangs angedeutet, der Unterschied im Energiegehalt der Ausgangs- und Endstoffe, je pro Mol bzw. pro in die Gleichung eingehende Molzahl und bei konstantem Druck. Nun steigt der Energieinhalt eines Stoffes von einem unbekannten und gleichgültigen Wert am absoluten Nullpunkt (deren Differenz würde die Reaktionswärme am absoluten Nullpunkt Q_0 bilden) durch den Wärmeinhalt in einem Maße an, das durch die spezifische Wärme gegeben ist. Subtrahieren wir gleich die Wärmeinhalte der Ausgangs- und Endstoffe, so folgt:

$$Q = Q_0 - \int\limits_0^T \sum C_p\, dT\,.$$

$\sum C_p$ bedeutet dabei die Summe der spezifischen Wärmen bei konstantem Druck der Ausgangsstoffe, vermindert um die gleiche Summe der Endstoffe. Wir zerlegen nun noch C_p in einen temperaturunabhängigen Anteil C_p^0 und eine Temperaturfunktion C_p' und erhalten:

$$Q = Q_0 - \sum C_p^0\, T - \int\limits_0^T \sum C_p'\, dT\,.$$

Dies führen wir ein in

$$\int\limits_0^T d\ln K = \int\limits_0^T \frac{-Q\, dT}{R\, T^2}\,,$$

integrieren und erhalten:

$$\ln K = \frac{-Q_0}{RT} + \frac{1}{R} \sum C_p^0 \ln T + \frac{1}{R} \int_0^T \frac{dT}{T^2} \int_0^T \sum C_p' \, dT' + \mathrm{J},$$

eine Gleichung, die für jede Temperatur die Lage des Gleichgewichts streng angibt, wenn man die in ihr vorkommenden Größen für die Partner kennt. Das sind die Wärmetönung am absoluten Nullpunkt und die spezifischen Wärmen in ihrer Temperaturabhängigkeit. Die Integrationskonstante J ist wieder dasjenige, was uns der II. Hauptsatz seiner Natur nach nicht aus thermischen Daten liefern kann. Sie muß durch eine einzelne Gleichgewichtsmessung, also chemisch, ermittelt werden und heißt daher „chemische Konstante". Wir kommen auf sie noch zurück. In vielen Fällen ist man heute in der Lage, die für die Anwendung der Gleichung nötigen Daten anzugeben und hat sie auch an verschiedenen bekannteren Gleichgewichten erfolgreich geprüft.

Für den praktischen Chemiker kommt es aber mehr darauf an, sich für neue, noch mehr oder weniger unbekannte Reaktionen ein Bild der Gleichgewichtsverhältnisse im voraus zu machen, um über ihre technische und wirtschaftliche Möglichkeit zu entscheiden. Dabei wird es ihm weniger auf die absolute Exaktheit und Genauigkeit obiger Gleichung ankommen als darauf, ob sie nicht zuviel in den meisten Fällen unbekannte Größen enthält. Das ist nun hier in reichem Maße der Fall, und so ist eine „Näherungsgleichung" entstanden, die alle Reaktionen mehr über einen Kamm schert, deshalb viel weniger genau ist, aber doch für die erste Orientierung ausreichend zuverlässige Werte liefert, und das ist in vielen Fällen die Hauptsache.

Man setzt zu diesem Zweck an Stelle der Wärmetönung am absoluten Nullpunkt die bequem meß- oder berechenbare bei Zimmertemperatur, und für alle Gase die konstante spezifische Wärme 3,5; für vorkommende feste Stoffe den Wert Null. Diese Willkür bedingt natürlich einen anderen Wert der „chemischen Konstanten": J'. Wir kommen so zu

$$\ln K = \frac{-Q}{RT} + \Delta n \, 1,75 \ln T + J',$$

wo Δn die Änderung der Molekelzahl bedeutet. Ohne um die Herkunft der Konstanten J' vorläufig uns zu kümmern, wollen wir an Hand dieser Gleichung einmal die Kohlenoxydspaltung im Hochofen genauer betrachten.

Für die Reaktion $2\,CO = C + CO_2 + 38\,800$ cal beträgt die Konstante J' 3,8. Weiter brauchen wir nichts zu wissen, um etwa die Zusammensetzung der Hochofengase in der heißen Zone des Ofens und in der kalten Zone des Kohlenoxydzerfalls zu berechnen. Mit $\Delta n = 1$ erhalten wir für $850° \, K = 39$, für $600°$ dagegen $K = 0,16$. Wir wollen daraus die Gehalte des Hochofengases an Kohlenoxyd und Kohlendioxyd berechnen, unter der Annahme, daß reiner Sauerstoff eingeblasen würde, weil das einfacher ist. (Die Verdünnung mit Stickstoff verschiebt natürlich wegen der verminderten Partialdrucke die Verhältnisse zugunsten von CO.) Wir erhalten so für die heiße Zone einen

Kohlensäuregehalt von nur 2,6 Proz., was der schon gestreiften Tatsache entspricht, daß man in der unteren Ofenzone fast nur Kohlenverbrennung zu CO hat. Analysen der Ofengase bestätigen das vollkommen. Dieses fast reine CO kommt nun in die kälteren Teile des Ofens, wo z. B. bei unserer Temperatur von 600° nur noch 21 Proz. CO stabil sind. Die Folge muß, wie gesagt, ein starker Zerfall unter Kohlenabscheidung sein. Da bei normalem Betrieb diese Kohle nicht in der Beschickung bleibt (was zu dem gefürchteten „Hängenbleiben" führt), nimmt man an, daß sie ihrerseits die Reduktion der Eisenoxyde besorgt, die Reduktion durch CO in der kälteren Zone also diesen Umweg geht.

Dies diene nur als Beispiel, wie die Näherungsgleichung immerhin über die ungefähre Lage des Gleichgewichts ohne allzuviele Voraussetzungen informiert.

III. Hauptsatz.

Von Interesse ist nun noch die Festlegung der „chemischen Konstanten". Diese läßt sich natürlich für jede Reaktion durch eine einzige Gleichgewichtsmessung gewinnen, und zwar gilt das sowohl für die „wahre" chemische Konstante J aus der genauen Gleichung, wie auch für die „konventionelle" Konstante J' aus der Näherungsgleichung.

Um sie aber ohne eine solche Messung bestimmen zu können, was natürlich für Vororientierungen in Frage kommt, bietet der II. Hauptsatz keine Handhabe, da seine differentielle Form eben die Integrationskonstante unbestimmt läßt. Hier greift nun ein ganz neues Prinzip ein, das der sonstigen Thermodynamik fremd ist und aus einer neuen Quelle schöpft. Wir können dieses Prinzip, den „III. Hauptsatz" oder das „*Nernst*sche Wärmetheorem", nicht in gleicher Ausführlichkeit besprechen wie die beiden anderen Hauptsätze, werden aber doch seine Anwendung auf das Gasgleichgewicht behandeln, um alle Quellen kennengelernt zu haben, aus denen die theoretische Behandlung dieser technisch so wichtigen Dinge schöpft.

Wir gehen zurück auf die genaue Gleichung der Isochore

$$\ln K = \frac{-Q_0}{RT} + \frac{1}{R} \sum C_p^0 \ln T + \frac{1}{R} \int\limits_0^T \frac{dT}{T^2} \int\limits_0^T \sum C_p' \, dT + J$$

und wenden diese zunächst auf die Verdampfung an. Diese ist ja nichts anderes als ein chemisches Gleichgewicht mit einer Komponente in zwei Phasen, also nur einer Freiheit; für jede Temperatur ist demnach der Druck — Dampfdruck — π festgelegt, und über die Art des Zusammenhangs gibt die Isochore Auskunft, in deren K nun nur der Dampfdruck steht[1]:

$$-\ln \pi = \frac{-\lambda_0}{RT} + \frac{1}{R} C_p^0 \ln T + \frac{1}{R} \int\limits_0^T \frac{dT}{T^2} \int\limits_0^T C_p' \, dT - \frac{1}{R} c_p^0 \ln T - \frac{1}{R} \int\limits_0^T \frac{dT}{T^2} \int\limits_0^T c_p' \, dT + i \, .$$

---

[1] Vgl. a. Anm. S. 78.

Wie einleuchtend, ist hier λ_0 die Verdampfungswärme beim absoluten Nullpunkt, C_p die spezifische Wärme des Dampfes, c_p die des Kondensats, und i eine Integrationskonstante, die chemische Konstante des verdampfenden Stoffes.

Nun denken wir uns eine Reaktion zwischen festen Ausgangsstoffen zu festen Endstoffen führend. Diese können wir ohne energetische Änderung, wie wir sahen, auf dem Umwege: Verdampfung—Gasreaktion—Kondensation der Endstoffe führen. Wir lassen sie wieder durch einen Gleichgewichtsbehälter laufen, um ihre maximale Arbeit zu errechnen. Diese besteht aus den Arbeiten, die wir brauchen, um die Ausgangsstoffe isotherm und reversibel von ihren Dampfdrucken auf Gleichgewichtsdruck zu befördern, und der Arbeit, die die Produkte von Gleichgewichtsdruck auf ihre Dampfdrucke befördert. Die ganze Betrachtung ist analog der, die wir für die Ableitung der Isochore benutzt haben, und führt naturgemäß zu derselben Gleichung:

$$A = R\,T\ln\frac{\pi_a^m\,\pi_b^n\,\pi_c^o}{\pi_d^p\,\pi_e^q} - R\,T\ln K\,.$$

Oder $A = R\,T\big(\sum n\ln\pi - \ln K\big)$, wo n allgemein die Exponenten m, n, o bedeutet. Wir setzen jetzt für $\ln\pi$ und $\ln K$ die Temperaturfunktionen ein und erhalten:

$$A = -\sum n\,\lambda_0 + T\sum n\,C_p^0\ln T + T\int_0^T\frac{d\,T}{T^2}\int_0^T\sum n\,C_p'\,d\,T - T\sum n\,c_p^0\ln T$$

$$-T\int_0^T\frac{d\,T}{T^2}\int_0^T\sum n\,c_p'\,d\,T + R\,T\sum n\,i + Q_0 - T\sum n\,C_p^0\ln T$$

$$-T\int_0^T\frac{d\,T}{T^2}\int_0^T\sum n\,C_p'\,d\,T - R\,T\,J\,.$$

Oder, da sich die die spezifischen Wärmen der Gase enthaltenden Glieder wegheben, und die um die Verdampfungswärmen verminderte Reaktionswärme die Reaktionswärme im festen Zustand darstellt (Q_{0f}):

$$A = -Q_{0f} - T\sum n\,c_p^0\ln T - T\int_0^T\frac{d\,T}{T^2}\int_0^T\sum n\,c_p'\,d\,T - R\,T\Big(J - \sum n\,i\Big)\,.$$

Daraus folgt durch Differentiation:

$$\frac{d\,A}{d\,T} = -\sum n\,c_p^0 - \sum n\,c_p^0\ln T - \frac{1}{T}\int_0^T\sum n\,c_p'\,d\,T - R\Big(J - \sum n\,i\Big)\,.$$

Bei diesem Temperaturkoeffizienten der maximalen Arbeit der Reaktion zwischen den festen Komponenten greift nun das Wärmetheorem ein. Seine Aussage, die, genau wie die der anderen Hauptsätze der Wärmelehre, letzten Endes auf Erfahrung beruht, lautet in einer Form, die wir hier unmittelbar anwenden können:

$$\lim_{T=0}\frac{d\,U}{d\,T} = \lim_{T=0}\frac{d\,A}{d\,T} = O\,,$$

d. h. in der Nähe des absoluten Nullpunktes werden für alle Vorgänge der Temperaturkoeffizient der Gesamtenergieänderung und der der maximalen Arbeit gleich Null. Damit nun unser Ausdruck Null werden kann, müssen offenbar folgende Bedingungen erfüllt sein:

$\sum n c_p^0 = 0$ und $\sum n c_p' = 0$; das bedeutet, daß die spezifische Wärme fester Stoffe gegen den absoluten Nullpunkt hin zu Null wird, eine Forderung, die durch direkte Messungen bei tiefen Temperaturen weitgehendst bestätigt ist. Und

$$J = \sum n i,$$

d. h.: Die chemische Konstante einer Reaktion ist berechenbar als Differenz der Summen der aus der Dampfdruckkurve entnommenen chemischen Konstanten der entstehenden und der verschwindenden Stoffe. Wenn man die Aufnahme der einzelnen Dampfdruckkurven zur Ermittlung der i eine thermische Messung nennt, ist so die Aufgabe gelöst, das chemische Gleichgewicht nur auf Grund thermischer Daten zu berechnen.

Was hier für die wahren chemischen Konstanten gezeigt wurde, gilt natürlich auch für die konventionellen chemischen Konstanten der Näherungsformel, da ja dieser auch eine angenäherte Dampfdruckformel entspricht, mit der man dieselbe Betrachtung machen könnte. Wir sagten schon, daß J' einen anderen Zahlenwert besitzt als J, und dasselbe gilt natürlich für die i', aus denen man es zusammensetzen will. Sie haben besondere Werte für diese besondere Formel. Die chemische Konstante der Kohlenoxydspaltung, die wir oben benutzt haben, ist z. B. auf folgende Weise entstanden:

Konventionelle chemische Konstante für CO $= 3,5$

„   „   „   „ $CO_2 = 3,2$

$2 \cdot 3,5 - 3,2 = 3,8$.

Wollen wir z. B. für $2000\,^\circ$ C die Gleichgewichtskonstante des *Birkeland-Eyde*-Prozesses berechnen, so haben wir:

$$\log \frac{N_2 \cdot O_2}{(NO)^2} = \frac{-43\,200}{4,57 \cdot 2273} + 1,75 \log 2272 + 1,6,$$

denn es beträgt: $i_{NO} = 3,5$; $i_{N_2} = 2,6$; $i_{O_2} = 2,8$.

Wir erhalten $\log K = 3,67$, während in diesem Falle die Beobachtung 3,6 ergibt. (Das bedeutet beiläufig 0,6 Proz. NO aus Luft oder 0,8 Proz. aus hälftigem Stickstoff-Sauerstoffgemisch.)

Ein weiteres Beispiel der Anwendung dieser Gleichung, die Berechnung der freien Energie der Kohlenverbrennung, werden wir im folgenden Kapitel noch antreffen.

Wir haben jetzt das Grundsätzliche, was die Thermodynamik zu chemischen Reaktionen zu sagen hat, dargestellt, wenigstens soweit es sich um das wichtigste Gebiet, die Reaktionen unter Beteiligung von Gasen, handelt. Dieselben Gesetze gelten sinngemäß wieder in verdünnten Lösungen, insoweit sie (in der Formel der isothermen Arbeit) das auch hier gültige Gasgesetz enthalten. Reaktionen in nur kondensierten Systemen verlaufen dagegen, wie die Phasenregel zeigt, vollständig unter Aufzehrung der Unterschußkomponente, führen also nicht zu Gleichgewichten, wenn jede Komponente eine eigene Phase bildet. So ist Aluminium neben Chromoxyd nicht beständig, sondern bildet metallisches Chrom (Thermitverfahren), bis entweder Aluminium oder Chromoxyd verbraucht sind.

Wohl aber können Gleichgewichte auftreten, wenn die Zahl der Phasen durch Mischungsbildung zurückgeht und so Freiheiten auftreten. Wegen der komplizierten oder gar unbekannten Zustandsgleichungen in solchen konzentrierten Lösungen oder gar Mischkrystallen beherrscht man jedoch diese Fälle kaum quantitativ. (Beispiel: Verteilung von Fremdmetallen zwischen Silikatschlacke und Eisenschmelze im Hochofen, wo ein echtes Gleichgewicht sich einstellt:

$$Me + Fe\text{-Silikat} \rightleftharpoons Fe + Me\text{-Silikat}.$$

Es liegen drei Komponenten in den beiden Phasen Metallschmelze und Schlackenschmelze vor; Zahl der Freiheiten drei: Druck, Temperatur und Molenbruch der einen Phase, womit die Zusammensetzung der anderen Phase festliegt. Bestünde die Mischbarkeit der Metalle und der Silicate nicht, so entfielen zwei Freiheiten, oder es wären nur drei Phasen bei bestimmten Druck- und Temperaturverhältnissen beständig, also würde eine Komponente aufgebraucht.)

Kapitel V.

Reaktionsgeschwindigkeit.

Die Überlegungen des vorstehenden Kapitels haben uns zu berechnen gelehrt, bei welchen Konzentrationsverhältnissen die chemischen Gleichgewichte liegen, oder mit anderen Worten, ob man, von bestimmten Konzentrationsverhältnissen ausgehend, das Eintreten einer Reaktion gewünschter Richtung überhaupt und in welchem Umfang erwarten kann. Die Grundtatsachen, von denen wir dabei Gebrauch machten, waren solche der Thermodynamik.

Aber „in der Thermodynamik spielt Zeit keine Rolle"! Es wurde mit keinem Worte etwas darüber ausgesagt, welche Zeit zur Erreichung eines gegebenen Gleichgewichtszustandes nötig ist, oder wie schnell eine Reaktion sich abspielt. Für die Technik ist das aber von gewaltiger Wichtigkeit. Wenn der Thermodynamiker dem Techniker sagt, daß bei Zimmertemperatur Stickstoff und Wasserstoff so gut wie quantitativ in Ammoniak übergehen, so ist diesem damit doch nicht geholfen; er müßte nämlich auf die Vollendung dieser Reaktion einige Millionen Jahre warten! Das kommt praktisch darauf hinaus, daß manches, was die Thermodynamik mit der ihr eigenen absoluten Sicherheit fordert, eben doch nicht, nämlich nicht innerhalb brauchbarer Zeiten, erfolgt. Ihre Voraussagen erfordern daher, um zu einem brauchbaren Bilde des chemischen Geschehens zu führen, eine Ergänzung hinsichtlich der Reaktionsgeschwindigkeit.

Um uns klar zu werden, wovon diese abhängen wird, erinnern wir uns einer angestellten Betrachtung über den Vorgang der Umwandlung radioaktiver Elemente (S. 12). Dort fanden wir, daß die Geschwindigkeit proportional war der Zahl der überhaupt vorhandenen Atome, denn je mehr Atome in einem gegebenen Volumen enthalten sind, desto mehr werden darin ceteris paribus gerade in dem inneren Zustand sein, daß sie platzen müssen, d. h. desto mehr werden darin in der Zeiteinheit zerfallen. Wenden wir diese Betrachtungsweise oder eine ihr analoge nun auf eine Gasreaktion an, z. B. auf die Bildung von Stickoxyd! Hier tritt eine Bedingung als zwingend auf, nämlich: damit Stickstoff und Wasserstoff miteinander reagieren können, müssen ihre Molekeln zunächst räumlich beieinander sein. Wir sahen ja (S. 41), daß in Gasen die Molekeln die meiste Zeit voneinander durch große Zwischenräume getrennt sind und nur hin und wieder zusammenstoßen. Ein solcher Zusammenstoß ist Vorbedingung für das Eintreten einer Reaktion. Wie oft stoßen nun Stickstoffmolekeln in dem wilden, ungeordneten Getriebe des Gasgemischs mit Sauerstoffmolekeln zusammen? Das wird, wie wir wieder a priori sagen können, um so öfter eintreten, je dichter jede der beiden Molekelarten gesät ist, d. h. je größer ihre Konzentration und damit ihr Partialdruck ist. Für die Zahl solcher Zusammenstöße in der Sekunde — die Stoßzahl — können wir also schreiben:

$$Z = a_1 \cdot N_2 \cdot O_2 .$$

Nun braucht natürlich nicht jeder solche Zusammenstoß zum Umsatz zu führen. Ja, wenn das der Fall wäre, würden alle Reaktionen unmeßbar rasch verlaufen. Es gibt einen Fall, wo das verwirklicht ist, das sind die Reaktionen zwischen den Ionen in Salzlösungen, bei denen tatsächlich schwerlösliche Niederschläge mit gewaltiger Geschwindigkeit entstehen, oft schneller als sie überhaupt krystallisieren können. Im allgemeinen muß aber der Stoß noch bestimmte Bedingungen erfüllen, um „erfolgreich" zu sein. Zunächst müssen die Molekeln gerade mit „dem Gesicht" zusammengeraten, d. h. mit reaktionsfähigen Stellen ihrer Oberfläche, wo die Valenzelektronen leicht ausgetauscht werden können. Das wird bei einer Anzahl von Stößen der Fall sein, die offenbar der Gesamtzahl aller Stöße proportional ist.

Zweitens muß der Stoß mit einer gewissen Wucht erfolgen, damit dieser Austausch erfolgt. Wir haben zwar auf S. 41 eine der absoluten Temperatur entsprechende mittlere Geschwindigkeit $\bar{u}$ der Gasmolekeln kennengelernt, erwähnten aber damals schon, daß die wahren Geschwindigkeiten diesen Wert nur im Mittel ergeben, im einzelnen aber nach einem bestimmten Gesetz darüber und darunter verteilt sind. Ist nun für die Reaktion eine bestimmte kinetische Energie der Partner mindestens erforderlich („Aktivierungsenergie"), so wird es wieder ein ganz bestimmter Bruchteil aller Molekeln und damit auch aller Stöße sein, der diese Energie überschreitet.

Für die Zahl der Umsetzungen pro Sekunde, die Reaktionsgeschwindigkeit dx/dt, erhalten wir demnach, wenn b_1 eine Konstante — die Stoßausbeute, d. i. der erfolgreiche Bruchteil der Stöße — ist:

$$+ \frac{dx}{dt} = a_1 \cdot b_1 \cdot N_2 \cdot O_2 \quad \text{oder} \quad + \frac{dx}{dt} = k_1 \cdot N_2 \cdot O_2 .$$

Nun tritt aber zugleich stets auch eine Zersetzung des entstandenen Stickoxyds ein, denn es ist nicht einzusehen, warum die nicht unabhängig von der Bildung sich gleichzeitig vollziehen sollte. Für diese ist nötig, daß zwei NO-Molekeln miteinander erfolgreich zusammenstoßen. Eine Stickoxydmolekel wird um so öfter irgendwohin stoßen, je mehr Stickoxydmolekeln es gibt, d. h. je größer die Stickoxydkonzentration ist. Und dieses „Irgendwo" wird um so öfter wieder eine Stickoxydmolekel sein, je größer wiederum die Konzentration an NO ist. Wir erhalten so für die Rückreaktion ganz analog:

$$- \frac{dx}{dt} = a_2 \cdot b_2 \cdot (NO)^2 = k_2 \cdot (NO)^2 .$$

Wenn beide Reaktionen nebeneinander verlaufen, so liefern sie den gesamten Effekt:

$$\frac{dx}{dt} = k_1 \cdot N_2 \cdot O_2 - k_2\,(NO)^2\,.$$

Wenn man sich in der Gleichung $N_2 + O_2 = 2\,NO$ links vom Gleichgewicht befindet, wird der k_1-Ausdruck überwiegen, die Geschwindigkeit positiv sein und Stickoxyd gebildet werden. Befindet man sich aber rechts vom Gleichgewicht, so wird Stickoxyd zerfallen, weil dx/dt negativ ist. Das Gleichgewicht selbst ist nun dadurch charakterisiert, daß beide Geschwindigkeiten einander gleich geworden sind, so daß im Bruttoeffekt gar nichts umgesetzt wird. Im einzelnen gehen natürlich fortwährend Stickoxydmolekeln gemäß dem zweiten Term auseinander und entstehen neu gemäß dem ersten, aber immer gleich viel, so daß sich nichts ändert. Wir kommen so auch für das chemische Gleichgewicht zu einer Auffassung, die wir für das Gleichgewicht des Verdampfens und Lösens oben auf S. 40 schon aufgestellt hatten, nämlich der vom dynamischen Gleichgewicht, das durch Gleichheit von Wirkung und Gegenwirkung vorgetäuscht wird, ohne daß die Einzelwirkungen aufgehört hätten. Und der Konzentrationspunkt, an dem Gleichgewicht herrscht, ist uns jetzt nicht nur der, wo energetisch der reversible Umsatz einer endlichen Menge die Arbeit Null erfordert (s. S. 74, Gleichung 3, wo man das leicht folgert), sondern kinetisch der Punkt, wo Hin- und Herreaktion gleich schnell, weil gleich wahrscheinlich, sind.

Dann müssen wir aber doch Identität der beiden Gleichgewichtspunkte fordern? In der Tat, wenn wir fürs Gleichgewicht:

$$k_1\,N_2 O_2 = k_2\,(NO)^2$$

setzen, so folgt ohne weiteres:

$$\frac{N_2 O_2}{(NO)^2} = \frac{k_2}{k_1} = K'\,,$$

also das uns schon von S. 75 bekannte thermodynamische Massenwirkungsgesetz, hier aus ganz anderen Quellen abgeleitet und eine wichtige Verknüpfung der Gleichgewichtskonstanten K' mit den beiden „Geschwindigkeitskonstanten" k enthaltend.

Diese Analogie geht noch weiter: Sie umfaßt auch die Temperaturabhängigkeit. Für K' hatten wir ja:

$$\frac{d\ln K'}{dT} = \frac{U}{RT^2}\,.$$

Betrachten wir, wie sich die k mit der Temperatur ändern müssen! Für $Z = a_1 \cdot N_2 \cdot O_2$ liefert die kinetische Gastheorie folgendes: Die mittlere Energie steigt mit T (S. 42), also die mittlere Geschwindigkeit mit $\sqrt{T}$. Damit steigt im gleichen Verhältnis auch bei konstantem mittleren Abstand (Konzentration) die Häufigkeit der Stöße. Wir haben also:

$$Z_1 = a_1' \cdot \sqrt{T} \cdot N_2 \cdot O_2$$

und ebenso:

$$Z_2 = a_2' \cdot \sqrt{T} \cdot (NO)^2\,.$$

Für die Stoßausbeute b liefert die Theorie ein anderes Resultat, das wir nicht in extenso ableiten wollen. Wir wollen nur sagen, daß man sich zwischen den gesamten und den schnellen Molekeln ein thermodynamisches Gleichgewicht vorstellen kann, das dann die Geschwindigkeit regelt. Für den Bruchteil der Molekeln, die eine bestimmte Energie q übersteigen, erhält man einen Ausdruck der Form

$$\frac{d\ln b}{dT} = \frac{-q}{RT^2}.$$

(Das Minuszeichen bedeutet, daß den gewöhnlichen Molekeln die Energie q zugeführt werden muß.)

Das liefert:

$$b_1 = c_1 \cdot e^{-\frac{q_1}{RT}}$$

bzw.

$$b_2 = c_2 \cdot e^{-\frac{q_2}{RT}}$$

und

$$k_1 = a_1' c_1 \cdot \sqrt{T} \cdot e^{-\frac{q_1}{RT}}$$

bzw.

$$k_2 = a_2' c_2 \cdot \sqrt{T} \cdot e^{-\frac{q_2}{RT}}$$

und daher

$$K' = \frac{a_2' c_2}{a_1' c_1} \cdot e^{-\frac{q_2 - q_1}{RT}}$$

und

$$\frac{d\ln K'}{dT} = \frac{q_1 - q_2}{RT^2},$$

also genau wieder unsere Isochore, was auch verlangt werden muß, da unsere bisherigen Überlegungen ja bei allen Temperaturen gelten mußten.

Wichtig ist in unserer Ableitung nur folgendes: Die Differenz der den Molekelpaaren zur Reaktion nötigen Energien liefert die Bruttowärmetönung:

$$U = q_1 - q_2.$$

Man kann sich also den Mechanismus einer Reaktion so vorstellen, daß die Liganden zunächst in ihrer Energie um q_1 gehoben werden müssen, um dann um q_2 wieder zu sinken, bis sie die Gesamthöhe U überwunden haben, also auf dem Niveau der Endstoffe sind. Man denke an die Verbindung zweier verschieden tiefer Täler durch einen Paß. Die Ausdrücke für k_1 und k_2 lehren unmittelbar, daß, je niedriger dieser Paß ist, um so rascher die Reaktion verläuft.

Ein interessantes Beispiel dafür sind die Explosivstoffe. Ihre Detonationsfähigkeit hängt ja nicht nur davon ab, daß sie einen großen Energieinhalt besitzen; im Gegenteil, die gewöhnlichen Brennstoffe, wie Kohle, haben in Gegenwart von Luft erheblich höhere Energien (8000 cal pro kg

Kohle gegen 1450 cal pro kg Nitroglycerin!). Es kommt vielmehr darauf an, in welcher Zeit diese Energien verfügbar werden, mit anderen Worten auf die Reaktionsgeschwindigkeit. Und für diese ist nun eben die Frage entscheidend, ob die Molekeln erst über hohe Energiepässe steigen müssen. Das wird i. allg. nicht der Fall sein, wenn der erste Reaktionsschritt in einer Dissoziation besteht, die gleich zu stabilen Endprodukten führt (fast nur Abstieg). Zum Beispiel beim Knallquecksilber:

$$Hg(ONC)_2 = Hg + N_2 + 2\,CO\,.$$

Auch wenn Zwischenprodukte entstehen, die aber ohne endotherme Zwischenschritte zu den Endprodukten führen können (zwei Abstiege hintereinander), werden wir noch brisante Sprengstoffe haben, z. B. den hochempfindlichen Jodstickstoff:

$$NH_3NJ_3 = N_2 + 3\,HJ$$
$$HJ + NH_3NJ_3 = NH_4J + NJ_3$$
$$NJ_3 = N + 3\,J$$
$$2\,N = N_2 \cdot 2\,J = J_2\,.$$

Alle Reaktionen nach der ersten erfolgen leicht, weil sie (auch die zweite, wo leicht spaltbarer Jodwasserstoff auftritt) Dissoziationen sind, bei denen keine sehr festen Bindungen gelöst werden müssen.

Treten dagegen einigermaßen fest gebundene Zwischenkörper auf, so verschwindet damit die Detonierbarkeit, weil deren Zerfall Zeit braucht, z. B. beim Ammonnitrat (Sicherheitssprengstoff) das Stickoxydul:

$$NH_4NO_3 = N_2O + 2\,H_2O$$
$$2\,N_2O = 2\,N_2 + O_2\,.$$

Es sei erwähnt, daß diese Überlegungen natürlich nur die Empfindlichkeit oder Detonierbarkeit betreffen; für die Arbeitsleistung ist der Energieinhalt, für die Sprengkraft noch das Volum der Endgase, die Packungsdichte und die Explosionsgeschwindigkeit maßgebend.

Unsere Gleichungen lehren ferner, daß die beiden in der Gleichgewichtskonstanten enthaltenen Geschwindigkeitskonstanten (abgesehen von dem langsam steigenden Faktor $\sqrt{T}$) exponentiell mit der Temperatur ansteigen, ähnlich wie eine Gleichgewichtskonstante einer exothermen Reaktion, also sehr stark. Dem entspricht auch die allgemeine Erfahrung, daß die Reaktionsgeschwindigkeit stets sehr stark mit der Temperatur ansteigt, etwa auf das Doppelte bis Dreifache bei einer Erhöhung um 10°.

Was bedeutet das nun für die Erreichung des Gleichgewichts? Es heißt, daß das von der Thermodynamik geforderte Gleichgewicht bei hohen Temperaturen rascher erreicht wird als bei tiefen Temperaturen. Das ergibt für die Technik eine Reihe von wichtigen Folgerungen, die meist gegenüber den Forderungen der Gleichgewichtslehre zu wenig hervorgehoben werden. Diese Folgerungen sind sehr verschieden, je nachdem, ob aus thermodynamischen Gründen Arbeiten bei hoher Temperatur oder bei tiefer erwünscht ist, ob man ferner ein bestimmtes Gleichgewicht zu erreichen oder aber seine Einstellung zu verhindern bestrebt sein muß.

Bleiben wir gleich bei dem zur Ableitung soeben benutzten Beispiel der Stickoxydbildung. Wir sahen schon, daß man, um viel Stickoxyd im Gleichgewicht zu erhalten, bei recht hoher Temperatur arbeiten muß. Daß man dann das erwünschte Gleichgewicht auch wirklich erreicht, braucht keine Sorge zu bilden, denn bei etwa 2000° ist für fast alle Reaktionen RT so groß, also q_1/RT so klein, daß der Bruchteil aktiver Stöße b_1 stets recht groß wird und die Umsetzungen sehr schnell verlaufen. Eine Schwierigkeit besteht aber bei der Wiederabkühlung der Gasmasse, wenn sie den Flammenbogen verläßt. Hier wird die Temperatur alle Zwischenstufen zwischen 2000° und Zimmertemperatur durchlaufen, und wenn man genügend Zeit läßt, wird dabei auch das Gleichgewicht wieder alle Werte von 1,2 Proz. bei 2000° bis zu fast 0 Proz. bei Zimmertemperatur durchlaufen, also der gewünschte und schon erreichte Bildungseffekt wieder zurückgehen! Nachdem man also das Gleichgewicht bei 2000° erreicht hat, besteht das Interesse, die Gleichgewichtseinstellung bei der Abkühlung möglichst zu unterbinden.

Das ist nun möglich, wenn man von der Tatsache Gebrauch macht, daß bei tieferen Temperaturen die Reaktionsgeschwindigkeit sehr stark zurückgeht. Kühlt man sehr rasch ab, so kann man erreichen, daß die Gleichgewichtseinstellung hinter der Abkühlung herhinkt, so daß stets das Gleichgewicht einer höheren Temperatur erhalten bleibt. Hat man auf diese Weise erst etwa 700° erreicht, so ist das NO überhaupt gerettet, denn unterhalb dieses Temperaturgebietes erfolgt die Einstellung dann ganz unmeßbar langsam. Man kühlt deshalb die Gase sofort nach Passieren der Flammenzone sehr schroff ab. Auf diese Weise kann man ein Gleichgewicht, das vielleicht zu 1900° gehört, bei Zimmertemperatur „einfrieren" und so erhalten.

Diesem Beispiel wollen wir eines gegenüberstellen, wo die Erreichung des Gleichgewichtes die Schwierigkeit bildet. Es handelt sich um die Wassergasherstellung (s. S. 79). Die Erhaltung des einmal eingestellten Gleichgewichts hat hier gerade keine Schwierigkeit, denn wenn das Gasgemisch von der Kohlenschicht entfernt ist, hört die Gleichgewichtsverschiebung, an der ja, wie wir sahen, stets die Kohle beteiligt ist, eben auf. Der Brennwert des Wassergases steigt nun mit steigender Temperatur, was man leicht daran erkennt, daß bei hoher Temperatur CO_2 in CO übergeht. Hier ist trotz der verhältnismäßig hohen Temperatur die Gleichgewichtseinstellung mäßig rasch, weil sie immer auf das Herandiffundieren neuen Wasserdampfs an die Kohle warten muß. So kommt es, daß das wahre Wassergas niemals den Brennwert des Gases erreicht, das man aus der Ofentemperatur als „ideales Wassergas" errechnet.

Das Gesetz von der starken Temperatursteigerung der Geschwindigkeit gilt, wenn auch nicht mit denselben quantitativen Beziehungen, auch in anderen Aggregatzuständen. So lernten wir bereits ein Beispiel kennen, wo man im festen Zustand ein bei höherer Temperatur stabiles Gleichgewicht durch rasche Abkühlung „einfriert“, ganz analog dem Falle des Stickoxyds. Es ist dies der Fall der Stahlhärtung (S. 58), wo man den bei tiefen Temperaturen im Eutektikum Perlit aufgehenden, aber seiner mechanischen Eigenschaften wegen erwünschten Martensit durch Erwärmen erzeugt und dann durch Abschrecken einfriert. Im physikalischen Sinne müssen wir nämlich auch eine solche „unchemische“ Gefügeänderung als Reaktion auffassen, da in den Gitterkräften echte chemische Valenzen geöffnet und geschlossen werden.

Katalyse.

Oft tritt der Fall ein, wo die Einstellung eines gewissen Gleichgewichtszustandes zwar erwünscht, aber unbrauchbar langsam ist. Wir lernten einen solchen Fall schon kennen in der Ammoniaksynthese. Ganz allgemein liegen die Dinge bei exothermen Vorgängen so, daß man bei tieferen Temperaturen viel größere Erfolge erzielen könnte, wenn nur die Geschwindigkeit bei diesen Temperaturen nicht schon so sehr abgeklungen wäre.

Man wird sich also fragen, ob man es in der Hand hat, die Einstellung eines Gleichgewichts vielleicht auf irgendeine Weise zu beschleunigen? Das wäre einmal möglich durch Erhöhung der Stoßzahl Z, also Vergrößerung der Konzentrationen, der Drucke. Einmal werden aber dadurch in vielen Fällen die Gleichgewichte ungünstig beeinflußt (Ammoniakverbrennung nach *Ostwald*), vor allem aber wären die Effekte hierdurch viel zu gering, die Reaktionsgeschwindigkeit ist meist um viele Zehnerpotenzen zu klein, während man technisch mit den Drucken nicht über 10^2 Atmosphären gehen kann. Auch eine Erhöhung der Partialdrucke in beschränkten Zonen durch Adsorption ergibt, wie errechnet wurde, bei weitem nicht die Effekte, die man auf dem anderen Wege erhalten kann.

Das ist nämlich der Weg, die Aktivierungswärme q zu verkleinern. Wenn dies gelingt, so ist der Ausdruck für die Stoßausbeute sehr stark zu beeinflussen, da er ja die Form hat:

$$b = c \cdot e^{-\frac{q}{RT}},$$

also, wenn q z. B. nur auf die Hälfte zurückgeht, in seine Quadratwurzel übergeht usw. Das bedeutet aber, wenn z. B. die Stoßausbeute vorher 1 Proz. betrug, schon eine Verzehnfachung der Reaktionsgeschwindigkeit, bei $b = {}^1\!/_{10000}$, was keine Seltenheit ist, eine Verhundertfachung.

Es gibt eine ganze Reihe von Mitteln, um diese Verminderung der Aktivierungswärme herbeizuführen, die man unter dem Sammelnamen „Katalysatoren“ zusammenfaßt. Man kann den Mechanismus, nach dem sie wirken, keineswegs ebenfalls unter einen Begriff zusammenfassen, denn es sind die verschiedensten Abarten möglich und teilweise auch in Gebrauch, ohne aber restlos erforscht zu sein (vgl. hierüber auch Kap. II).

Aber eins haben alle Katalysatoren gemein: Wenn der Katalysator das b_1 und damit das k_1 erhöht, so würde das eine Veränderung der Gleichgewichtskonstante K bedeuten, wenn er nicht gleichzeitig q_2 erniedrigte, b_2 und damit k_2 um ebensoviel erhöhte. Ist nun eine solche Gleichgewichtsverschiebung möglich oder nicht? Sie erfordert offenbar, da ja nur der Umsatz am Gleichgewichtspunkt ohne äußere Arbeit verläuft, einen Aufwand von äußerer Arbeit. Wenn nun das Hinzufügen des Katalysators zu dem reagierenden Gemisch, wie ja gewöhnlich, keine Arbeit erfordert, so müßte diese Arbeit aus dem Nichts kommen. Der Katalysator kann also das Gleichgewicht nicht verschieben. Er flacht zwar den zu überschreitenden Energie-,,Paß" ab, aber für Hin- und Rückreaktion um gleichviel.

Die Abflachung besteht darin, daß in Anwesenheit des Katalysators ein Reaktionsweg möglich wird, der ohne ihn nicht gangbar ist, und der über niedrigere Energiestufen führt. So müssen z. B. Chlorierungen ohne Katalyse über die Zwischenstufe einer angeregten (vgl. S. 21 u. 123) Chlormolekel bzw. freie Chloratome verlaufen, daher auch ihre Beschleunigung im Licht. Ist aber z. B. Phosphor oder Jod zugegen, so kann die leichter und daher häufiger erreichbare Zwischenstufe des PCl_3 oder JCl_3 dafür einspringen. Dies ist ein Fall homogener Katalyse, da sich Chlor, Substrat und Chlorüberträger in gemeinsamer Lösung befinden.

Den gleichen Vorgang haben wir auch nach unserer heutigen Kenntnis in den Wirkungen der Enzyme zu sehen. Das sind Stoffe ziemlich unbekannter Zusammensetzung, die ganz bestimmte organische Reaktionen zu beschleunigen in der Lage sind. Diese Stoffe treten in der Natur meist als Lebensprodukte in den Zellen auf, sind aber auch von ihnen getrennt wirksam.

Die Technik hat sich die Wirkung der Enzyme, die wir auch als selektive Katalysatoren (s. w. u.) bezeichnen können, nutzbar gemacht bei all den Enzymreaktionen, die zu wertvollen Produkten führen. Wir nennen vor allem die Gärung mit all ihren Abarten, bei der durch Hefe aus Zucker Alkohol, auch Aceton oder Glycerin entsteht, ferner die Schnellessigfabrikation, bei der das Enzym eines anderen Mikroorganismus Alkohol in Essigsäure umwandelt.

Messungen haben nun ergeben, daß es sich hier um ganz dieselbe Form homogener Katalyse handelt. Es braucht nicht mehr die energiereiche, daher seltene Zwischenstufe einer für sich aktivierten Zucker- usw. Molekel erreicht zu werden, weil durch die Anwesenheit des Enzyms die energieärmere, daher öfter erreichte Zwischenstufe einer Verbindung Enzym-Substrat möglich gemacht wird.

Wir haben früher bereits (s. S. 32) einen ähnlichen Fall bei einer Gasreaktion mit festem Überträger kennengelernt. Das war die katalytische SO_3-Bildung an Eisenoxyd. Während die Gasmolekeln des SO_2 und O_2 schon mit einer nur selten auftretenden Energie zusammenstoßen müssen, um zu reagieren, tritt diese Reaktion bei Stößen aufs Eisenoxyd sehr häufig ein, weil die Zwischenstufen des Ferro- und Ferrisulfats mit viel geringerer ,,Aktivierungswärme" erreichbar sind. Daß dabei auch Adsorption eine Rolle spielt, haben wir dort schon erwähnt. Der neue Reaktionsweg ist eben seiner Natur nach auf der Grenzfläche anliegende Molekeln beschränkt. Die große Beschleunigung ist aber seiner geringeren „Paßhöhe" zuzuschreiben.

Weitaus häufiger, gerade natürlich bei solchen heterogenen Katalysen, ist aber der Fall, wo die Zwischenstufe nicht eine definierte Verbindung ist, sondern, um gleich auf den wichtigsten Fall einzugehen, reine Adsorption an sich die Aktivierung erleichtert. Wir sahen schon, daß Adsorption die freien Valenzen der an der Oberfläche des festen Körpers sitzenden Atome nutzbar macht. Dem entspricht natürlich andererseits auch eine Beanspruchung von Valenzen — Ablenkung der Kraftlinien des Anziehungsfeldes — zwischen den Atomen der adsorbierten Molekel. Daher ist ganz allgemein der Zusammenhalt in adsorbierten Molekeln gelockert gegenüber dem in freien. Umsetzungen, d. h. Lösung und Neuschluß von Atombindungen, werden daher in der Adsorptionsschicht mit viel geringeren Energien schon angeregt werden können und daher häufiger, d. i. schneller, vor sich gehen.

Die Fälle, in denen diese Art der Katalyse technisch angewandt wird, sind äußerst zahlreich, und ihre Besprechung im einzelnen würde nur eine Wiederholung des Gesagten sein. Wir erinnern nur an die große Rolle, die Metallkatalysatoren, insbesondere Platin, in der Großindustrie sowohl wie in vielen präparativen Prozessen spielen. Die allgemeine Theorie ist einfach, aber im einzelnen zeigt sich gerade hier eine solche Mannigfaltigkeit der Erscheinungen, daß immer noch die Befruchtung der Wissenschaft durch die Erfahrungen — und Bedürfnisse — der Praxis hier dem umgekehrten Vorgang, der der spätere ist, mehr als die Wage hält.

Es kommt in ganz ungeklärter Weise auf die kleinsten Eigenheiten der Oberfläche an. So hat man die Erfahrung gemacht, daß eine Vorbehandlung der Metalle mit Sauerstoff sie zu den höchst wichtigen Wasserstoffübertragungen nach *Sabatier* — Fetthärtung von *Normann* — besonders geeignet macht, ohne daß die Wissenschaft dafür bisher eine alle Seiten befriedigende Erklärung bieten kann. Ebenso rätselhaft und nur sehr teilweise durch „Adsorptionsverdrängung" (s. S. 32) erklärbar ist aber der Vorgang der Vergiftung der Katalysatoren durch kleinste Mengen ganz bestimmter Fremdstoffe (Arsen, Jod u. a.). Ebensowenig läßt sich bisher ein System in die Erfahrungen bringen darüber, warum überhaupt ein bestimmter Katalysator nur bestimmte Reaktionen katalysiert. Mit der Adsorbierbarkeit bestimmter Stoffe allein ist es nicht getan.

Man sieht das z. B. an der Ammoniakverbrennung an Platin nach:

$$4\,NH_3 + 5\,O_2 = 4\,NO + 6\,H_2O$$

Diese Reaktion wird von Platin bei etwa 550° recht ordentlich zur Einstellung gebracht (bei fast nur NO liegt ihr Gleichgewicht), während die parallellaufende Ammoniakspaltung in Stickstoff und Wasserstoff, die natürlich einen schmerzlichen Verlust an gebundenem Stickstoff bedeutet, fast gar nicht vor sich geht, obgleich auch sie durch Platin beschleunigt wird und auch zu einem Gleichgewicht mit fast völligem Verschwinden des Ammoniaks führt.

Damit kommen wir überhaupt auf die Fälle der „auswählenden Katalyse". Die Tatsache, daß ein Katalysator von einer Reihe von Reaktionen derselben Ausgangsstoffe einzelne ganz besonders beschleunigt, „auswählt", liegt nicht nur hier, sondern in vielen Fällen vor. Sie ist wohl so zu erklären, daß die Aktivierungswärmen der verschiedenen Reaktionen um ganz verschiedene Beträge herabgesetzt werden. Sie können natürlich an sich verschieden sein, aber das genügt nicht; denn dann wäre es nicht möglich, daß ein anderer Katalysator von derselben Reaktionsschar eine ganz andere Reaktion auswählt und hervortreten läßt. Es gehört also eine besondere Aktivierungswärme zu jeder Reaktion und zu jedem Katalysator, und es ist nicht erlaubt, etwa allgemein von einer „Aktivierungswärme des Ammoniaks" zu reden. So ist es den Bemühungen der auf reiche Erfahrungen in Katalysatorregeln (mehr gibt es eben nicht) gestützten I. G. Farbenindustrie gelungen, aus einem Gemisch von Kohlenoxyd und Wasserstoff (getrocknetem und von Kohlensäure befreitem Wassergas) durch Auswahl geeigneter Kontakte je nach Wunsch Methylalkohol, leichte oder schwere Kohlenwasserstoffe, Säuren oder Formaldehyd herzustellen.

Metastabile Gleichgewichte.

Es stellt sich also oft an einem Katalysator das eine Gleichgewicht ein, das andere nicht. Das ist nicht nur bei nebengeordneten Reaktionen, wie hier, der Fall, sondern auch bei hintereinandergeordneten. So stellt sich ja eben bei Ausführung der Ammoniakverbrennung das Gleichgewicht:

$$2\,\mathrm{NO} = \mathrm{N_2} + \mathrm{O_2},$$

das das gebildete NO gleich wieder zerstören müßte, nicht ein, sondern die Reaktion bleibt bei einem Zwischengleichgewicht stehen. Solche Gleichgewichte nennt man metastabile Gleichgewichte, von griech. $\mu\varepsilon\tau\acute{\alpha}$ = zwischen.

Zur Erläuterung ihrer Natur sei ein einfaches Beispiel genannt: die Krystallisation von Pikrinsäure. Es bildet sich hier zwischen Bodenkörper und Lösung ein echtes Gleichgewicht heraus; wie es die Thermodynamik fordert, hängt die Konzentration der Gleichgewichtslösung nach

$$\frac{d\ln c}{d\,T} = \frac{U}{R\,T^2}$$

von der Temperatur ab nach Maßgabe der Lösungswärme. Und doch ist das Gleichgewicht kein echtes; Pikrinsäure ist ja ein Sprengstoff, und im Gleichgewicht — wieder ein von der Thermodynamik beherrschtes Gleichgewicht — ist fast keine Pikrinsäure vorhanden, sondern nur $\mathrm{H_2O}$, CO, $\mathrm{N_2}$ und solche Dinge. Das Lösungsgleichgewicht der Pikrinsäure ist also ein metastabiles Gleichgewicht, das nur der für gewöhnlich trägen Einstellung der Pikrinsäurespaltung seine Existenz verdankt.

Dieser aufregende Sachverhalt trifft nun, worüber man sich oft nicht klar ist, unsere gesamte, insbesondere die organische, präparative Chemie. Die großen Farbenfabriken sind eigentlich „thermodynamisch verbotene" Betriebe, die ihr Dasein nur infolge metastabiler Gleichgewichte und der nicht erreichten Zerstörungsgleichgewichte führen. Wir wollen das kurz zeigen.

Es gibt wohl überhaupt sehr wenige organische Verbindungen, die im Sinne eines echt-stabilen Gleichgewichts unter unseren naturgegebenen Lebensbedingungen beständig wären, wenn eben nicht die kleinen Reaktionsgeschwindigkeiten wären. Bei der Entstehung des Erdballs bildeten sich wohl zunächst infolge der hohen Temperatur und langsamen Abkühlung (Fortfall von „Einfrierungen") die stabilsten Verbindungen: CO_2, H_2O, O_2, N_2 und einige andere. Erst die Sonnenenergie hat daraus dann das gemacht, was heute als organisches Leben die Erde bevölkert. Sie ist ja als strahlende Energie eine Arbeitsleistung von außen und ist daher, wie wir im letzten Kapitel noch sehen werden, aber jetzt schon verstehen, imstande, Reaktionsgemische vom Gleichgewicht zu entfernen, z. B. die Reaktion

$$CO_2 + H_2O = HCHO + O_2,$$

deren Gleichgewicht bei ganz wenig Formaldehyd liegt, weit nach rechts zu verschieben und so den Grundstoff zum Aufbau der Pflanzengewebe zu liefern.

Der Chemiker verfährt nun beim Aufbau unstabiler und daher wertvoller aus stabilen, wertloseren Materialien nach demselben Grundsatz: er führt Arbeit, freie Energie, zu. Nur nimmt er sie gewöhnlich nicht aus dem Sonnenlicht (wenigstens nicht direkt), sondern aus einer gekoppelten Reaktion, die ihrerseits zu ihrem Gleichgewicht hinläuft und so Arbeit leisten kann. Mit dieser Arbeit entfernt sie dann die in Frage kommende Aufbaureaktion von ihrem Gleichgewicht und erlaubt so, eine gewisse Menge des instabilen Stoffes herzustellen. Die Gesamtheit der beiden verkoppelten Reaktionen liefert dabei einen Überschuß freier Energie, braucht jedenfalls keine zugeführt zu bekommen.

Reduktionen, für die der Druck gasförmigen Wasserstoffs nicht ausreicht, weil unter ihm die Gleichgewichtsmenge des Reduktionsprodukts verschwindend klein ist, gelingen dem Chemiker, wenn er aus Zink und Säure „nascierenden" Wasserstoff verwendet; diese Auflösung verläuft freiwillig und kann daher freie Energie liefern. Sie tut das in diesem Fall in Form von Wasserstoff hohen Druckes bzw. von aktivem, atomarem Wasserstoff. Dieser wirkt dann als Überträger der freien Energie auf die auszuführende Reduktion. (Nicht zu verwechseln damit sind natürlich Fälle, wo die Reduktion an sich freiwillig, aber unmeßbar langsam verläuft und durch den rascher wirkenden aktiven Wasserstoff nur beschleunigt wird, z. B. die Reduktion von Nitrokörpern zu Aminen, s. a. S. 111.)

Meist ist jedoch ein viel engerer Übertragungsmechanismus der freien Energie nötig, indem man nämlich in ein und derselben Reaktion den hochwertigen Stoff dadurch erzeugt, daß man nebenher als Nebenprodukt einen energetisch recht geringwertigen Stoff entstehen läßt. Dann handelt es sich zwar um eine echte Gleichgewichtseinstellung (eines freilich metastabilen Gleichgewichts), aber der entstehende Stoff ist dann eben der stabilere nur in dem gegebenen Gleichgewicht, also in Gegenwart der anderen Partner. Die Beispiele hierfür sind sehr zahlreich; eins möge genügen:

Für den in der Farbenindustrie grundlegenden Vorgang der Diazotierung in saurer Lösung können wir das Schema schreiben:

$$C_6H_5NH_3^+ + NO_2^- + H^+ = C_6H_5N{=}N^+ + 2\,H_2O.$$

Der Vorgang verläuft freiwillig, liefert also freie Energie. Aber man wird nicht behaupten wollen, daß diese aus der Bildung des doch höchst labilen Diazoniumkörpers stammt, sondern aus der Bildung des Wassers, das die freie Energie zur Bildung des instabilen Produkts ünd noch einen Überschuß liefert. Würde man die Diazotierung mit freiem Stickstoff versuchen, etwa nach:

$$C_6H_5NH_3^+ + N_2 = C_6H_5N:N^+ + NH_3\,,$$

so würde man sehr wenig Glück haben, weil eben die Ammoniakbildung die freie Energie zur Diazoniumbildung nicht mehr aufbringen kann; bekanntlich verläuft diese Reaktion umgekehrt. Nur im Verein mit einer Wasserbildung ist also das Diazoniumsalz herstellbar, und an sich genommen, wenn eine solche Betrachtungsweise überhaupt zulässig ist, ist es instabil gegenüber dem Amin.

Aber auch wo es sich um solche Gleichgewichtseinstellungen dreht, die man nur vornimmt, weil eine energetische Degradation von wirtschaftlichen Faktoren aufgewogen wird, gilt oft ähnliches. Das gewünschte Gleichgewicht ist nämlich meist ein metastabiles, weil die stabilen Gleichgewichte denn doch zu allzu frei-energie-armen Stoffen führen. Wenn z. B. die I. G. Farbenindustrie aus $CO + H_2$ Formaldehyd herstellt, so hat sie ihren Katalysator so gewählt, daß sich das rechtsliegende Gleichgewicht:

$$CO + H_2 = HCHO$$

zwar einstellt, nicht aber das Gleichgewicht:

$$HCHO = C + H_2O \quad \text{(Verkohlung!)}$$

und auch nicht:

$$C + 2H_2O = CO_2 + H_2\,,$$

denn dann wäre man ja wieder zum Wassergas zurückgelangt, über das man sich eben erst erhoben hat, indem man freie Energie (aus der Wasserbindung durch Trockenmittel und der CO_2-Bindung durch Kalk) aufgewandt hat, mehr sogar, als der Formaldehyd verlangt, der ja dann wieder durch Arbeitsabgabe (Gleichgewichtseinstellung) entsteht.

Das gleiche gilt auch von den mit dem gleichen Ausgangssystem ausgeführten katalytischen Reaktionen *Franz Fischers*, die zu wertvollen benzin- und petroleumartigen Produkten führen. Es handelt sich also auch hier um die Einstellung eines metastabilen Zustandes aus einem noch metastabileren heraus, und man muß sich hüten, den stabilen Zustand zu erreichen.

Es ist nun wohl klar, woher die ganze organische Chemie (und ein guter Teil der anorganischen) thermodynamisch verbotene Betriebe darstellen. Daraus erhellt, daß reine Gleichgewichtsbetrachtungen an Hand der Thermodynamik niemals genügen, um die Ausführbarkeit einer Reaktion, die Erhältlichkeit eines Produktes zu beurteilen: stets müssen sie durch kinetische Betrachtungen ergänzt werden, die Aufschluß darüber geben, ob von den verschiedenen thermodynamischen Möglichkeiten nur die erwünschten oder auch die unerwünschten meßbar schnell eintreten.

Ein wichtiges Beispiel dafür ist auch die Tieftemperaturdestillation der Kohle, die heute so bedeutungsvoll geworden ist. Bei tieferer Temperatur bleibt eben die Zersetzung all der wertvollen Substanzen, wie Kohlenwasserstoffe und Phenole, zum größeren Teil aus, deren Menge den Urteer vor dem Produkt der alten Destillation bei hoher Temperatur auszeichnet.

Ja man kann sagen, die Thermodynamik hätte eine Gefahr für die organische Chemie und Technik bedeutet, wenn die Männer, die die organische Chemie geschaffen haben, sich von ihr hätten leiten lassen. Von vielen heute Tausende von Arbeitern ernährenden Reaktionen hätten sie wohl schon im Laboratorium Abstand genommen, wenn die Reaktionsisochore oder die *Nernst*sche Näherungsformel sie belehrt hätte, daß die Mischung „von Rechts wegen" explodieren müßte! Da in jener Epoche die Reaktionskinetik noch mehr in den Kinderschuhen war als heute, ist es also zu begrüßen, daß thermodynamische Überlegungen erst heute, wo sie „durch Kinetik gemildert" sind, auf dieses Gebiet übergreifen. Sobald das aber geschehen war, zeigte sich sofort der fördernde Einfluß, den die Einführung wissenschaftlicher Ergebnisse in ein empirisch „kochendes", theoretischer Überlegung in ein blind experimentierendes Gebiet ausüben muß: Die katalytischen Verfahren, auf denen heute nach dem Rückgang des Farbenexports die Stärke unserer chemischen Industrie ruht, sind unbezweifelbare Kinder dieser Ehe von Theorie und Erfahrung.

Kapitel VI

Elektrochemie.

Im bisherigen haben wir im allgemeinen die Zweige der physikalisch-chemischen Technologie behandelt, bei denen die Quelle bzw. die Endform der Energie der Umsetzungen die Wärme war. Wir haben auch Ausnahmen kennengelernt, wie etwa die kolloiden Lösungen. Diese sollten auf Grund rein thermischer Überlegungen (Lösungsgleichgewicht) gar nicht bestehen können, und wir sahen, wie nur das Auftreten freier Energie nicht thermischen Ursprungs in Form elektrostatischer Abstoßung das Lösungsgleichgewicht sozusagen verschiebt.

In den nun folgenden Kapiteln werden wir ganze Gebiete kennenlernen, in denen nicht mehr das chemische Gleichgewicht im thermodynamischen Sinne und seine Einstellungsgeschwindigkeit im reaktionskinetischen Sinne, also thermische Dinge, den chemischen Zustand bestimmen, sondern freie Energien, die als solche dem reagierenden System zugeführt werden, bzw. Gebiete, auf denen umgekehrt der chemische Umsatz nicht als Lieferant von Wärme, sondern von freier Energie — Licht, Elektrizität — dient.

Es handelt sich um die Elektrochemie und die Photochemie. Es soll nun nicht behauptet werden, daß auf diesem Felde die Thermodynamik umgestoßen wird; vielmehr gelten ihre Sätze natürlich auch hier. Wir erinnern uns (S. 74 u. 90), daß nur im Gleichgewicht der Umsatz unter der Arbeitsleistung Null verläuft.

Wir betrachten nun im folgenden nur Vorgänge, bei denen das reagierende System vom Gleichgewicht entfernt ist und zu ihm hinstrebt. Dabei muß es bei geschickter (mehr oder weniger reversibler) Leitung fähig sein, Arbeit zu leisten, freie Energie zu liefern — galvanische Elemente, Luminescenzerscheinungen.

Wir betrachten ferner umgekehrt Fälle, wo man das System aus dem Gleichgewicht künstlich entfernt, um ein gewünschtes Produkt zu erhalten. Dazu muß man Arbeit, freie Energie als solche aufwenden — Elektrolyse, photochemische Reaktionen. Der Betrag dieser Arbeit wird, wenigstens im Grenzfalle, dabei von der Thermodynamik bestimmt. Das grundsätzlich Neue bei diesen Arten von Prozessen ist nur, daß die Formen, in der freie Energie angewandt und gewonnen werden kann, so mannigfaltig sind, daß sie oft sehr weitgehend vom rein Thermischen abweichende Bilder schaffen. Insofern das thermische Reaktionsbild im allgemeinen das dem Chemiker vertraute ist, drängt sich hier mehr als anderswo die Beeinflussung durch physikalische Faktoren in den Vordergrund, und ein elektrochemischer oder photochemischer Vorgang ist unbedingt nur mit Mitteln der physikalischen Chemie zu behandeln.

So kommt es, daß in dem technisch wichtigeren beider Zweige, der Elektrochemie, eine Entwicklung schon seit einem Menschenalter abgeschlossen ist, die wir auf anderen Gebieten im Lauf unseres Streifzugs teils als Zukunftsbedürfnis, teils als akute, aber schlecht erfüllte Notwendigkeit, teils als erfolgreichst aufstrebende neue Richtung erkannt haben: die Rationalisierung der Technik durch die physikalische Chemie. Das spricht sich auch in der vorliegenden Literatur aus, und Werke, die die technologische Bedeutung der physikalischen Elektrochemie in dem hier vertretenen Sinne behandeln, gibt es seit langer Zeit aus berufensten Federn. Es kann daher nicht uns obliegen, hier von vorn zu beginnen, vielmehr soll nur ganz kompendiös der ganze Gedankengang mit seinen technischen Auswirkungen durchgegangen werden.

Ionen-Reaktionen.

Wir beginnen mit dem klassischen Gebiet der Elektrochemie, den Lösungen. Was diese zu Objekten der Elektrochemie macht, ist das Auftreten von geladenen Teilchen, den Ionen, in ihnen. Wir erinnern uns, daß die völlige Abspaltung eines Elektrons von einem Atom ein positives, die Anlagerung eines solchen ein negatives Ion bildet. Mit Stoffen, die keine oder fast keine Ionen in Lösung bilden, ist elektrochemisch nichts anzufangen.

Für die Menge der Ionen neben der Neutralsubstanz ist ein chemisches Gleichgewicht nach Maßgabe der Hauptsätze bestimmend. Es gilt also das Massenwirkungsgesetz:

$$\frac{\text{Konz. der Anionen} \cdot \text{Konz. der Kationen}}{\text{Konz. der undissoz. Molekeln}} = K \, .$$

Ist die Konzentration der undissoziierten Molekeln konstant, wie etwa bei schwerlöslichen Stoffen als Löslichkeit des Bodenkörpers, so geht das Gesetz über in:

$$\text{Konzentration der Anionen} \cdot \text{Konzentration der Kationen} = K_1 \, ,$$

wo die Konstante K_1, das „Löslichkeitsprodukt“ oder „Ionenprodukt“, sich nun auf die mit dem Bodenkörper im Gleichgewicht befindlichen Ionenkonzentrationen bezieht. Überschreitet man das Produkt, etwa durch Hinzufügen einer großen Menge einer Ionenart, so müssen Ionen in Bodenkörper übergehen, das Salz fällt aus. Das ist bekanntlich das Prinzip aller analytischen Fällungen, aber natürlich auch das Prinzip aller technischen Fällungen.

Leitet man etwa in eine ammoniakalische Kochsalzlösung Kohlendioxyd ein, so steigert man dadurch die Konzentration des Bicarbonations HCO_3^-. Sobald sie nun, multipliziert mit der Konzentration an Natriumionen, das Ionenprodukt des Natriumbicarbonats überschreitet, beginnt dieses auszufallen und fällt solange aus, als man durch Einleiten von Kohlendioxyd das Ionenprodukt überschreiten kann. Eine Grenze ist dadurch gegeben, daß das Löslichkeitsprodukt verhältnismäßig groß ist, so daß höchstens 80 Proz.

des Natriums ausgefällt werden können. Das Ammoniak ist erforderlich, da Kohlendioxyd allein zu wenig Ionen HCO_3^- liefert, das Ammonbicarbonat aber durch sein noch höheres Löslichkeitsprodukt die erforderliche Mindestkonzentration an HCO_3^- überschreiten läßt, wenn gleiche molare Konzentrationen Ammoniak und Kochsalz vorliegen. Es gilt:

$$(NH_4^\cdot) \cdot (HCO_3') < K',$$

solange kein Ammonbicarbonat ausfällt. Ferner

$$(Na^\cdot) \cdot (HCO_3') = K'',$$

für die in der Lösung verbleibende Na-Konzentration. Also

$$\frac{(Na^\cdot)}{(NH_4^\cdot)} > \frac{K''}{K'},$$

oder, da praktisch etwa

$$(NH_4^\cdot) = (Na^\cdot)_{\text{Anfang}},$$

$$\frac{(Na^\cdot)}{(Na^\cdot)_{\text{Anfang}}} > \frac{K''}{K'}.$$

Die gelöst bleibende Natriummenge wird also nie Null; selbst hart an dem Punkt, wo Ammonbicarbonat ausfallen würde, ist die Ausbeute an Natrium als gefallenes Bicarbonat noch

$$1 - \frac{K''}{K'},$$

also ein von Null verschiedener echter Bruch. In der Praxis gelten diese Verhältnisse für den *Solvay*-Prozeß nur annähernd, weil für konzentrierte Lösungen, wie sie vorliegen, das Massenwirkungsgesetz ebenso abzuändern ist wie das ideale Gasgesetz, das zugrunde liegt und das ja auch für konzentrierte Gase nicht gilt (s. S. 43).

Die Lage des Ionengleichgewichts hängt in der in Kap. IV dargelegten Weise von der Wärmetönung der Ionisation (Dissoziationswärme), den spezifischen Wärmen und chemischen Konstanten der Ionen und undissoziierten Molekeln ab. Alle diese Größen sind nun für dasselbe Salz keine universellen Konstanten, sondern noch vom Lösungsmittel abhängig, einmal weil die Ionen (und Molekeln) nicht als solche in der Lösung vorliegen, sondern mehr oder minder mit Lösungsmittelmolekeln verbunden (solvatisiert, hydratisiert) (Fig. 15), dann aber auch, weil die Dissoziationswärme, also die Arbeit der Trennung zweier Ionen, eine andere ist, wenn das dazwischentretende Medium eine andere Dielektrizitätskonstante hat. Und zwar gilt im Vakuum (vgl. Kap. I, S. 2) für die Trennungsarbeit einfacher Elementarladungen bei dem Abstand r_0 in der Molekel:

$$U = \int_{r=\infty}^{r=r_0} \frac{e^2}{r^2}\, dr = -\frac{e^2}{r_0}$$

und in einem Medium (Lösungsmittel) der Dielektrizitätskonstante D:

$$U = -\frac{1}{D} \cdot \frac{e^2}{r_0}.$$

Wasser hat nun von allen bekannten Flüssigkeiten die größte Dielektrizitätskonstante, somit sind in ihm die Dissoziationswärmen am kleinsten und ceteris paribus die Dissoziationsgrade am größten. So kommt es, daß die elektrochemischen Prozesse sich meist in wässerigen Lösungen abspielen und wir diese vorwiegend zu behandeln haben.

Die Bedingung „ceteris paribus‘‘ ist übrigens bei weitem nicht erfüllt, eben wegen der qualitativen Verschiedenheit der entstehenden Ionen, und so kommt es, daß obige Herleitung zwar eine Orientierung liefert, aber die Dinge nicht quantitativ beherrscht. Überdies muß man nach heutigen Anschauungen wenigstens für starke Elektrolyte (d. i. stark dissoziierte) wohl überhaupt auf die Anwendung des Massenwirkungsgesetzes und die Annahme eines undissoziierten Restes verzichten zugunsten der Annahme, daß bei wirklich völliger Dissoziation dieser Rest nur durch die elektrostatische „Abschirmung‘‘ der Ionen vorgetäuscht wird. Es führt dies naturgemäß zu ganz anderen Gesetzmäßigkeiten, jedoch ist für viele praktische Zwecke die alte klassische Theorie hinreichend genau.

Elektrolyse.

Die wirkliche Anwesenheit der Ionen in den Lösungen erkennt man an deren elektrischer Leitfähigkeit. Diese steigt mit der Konzentration der Ionen nach einem bestimmten, hier nicht zu erörternden Gesetz. Man kann daher die Leitfähigkeit als Indicator für gelöste Salze benutzen. So gibt es Verfahren, um Kesselwässer, die bekanntlich weich, d. h. salzarm sein sollen, auf ihre Qualität roh zu prüfen durch eine einfache Leitfähigkeitsmessung. Natürlich genügt diese Probe nicht, da z. B. Natriumionen unschädlich sind, die etwa ebenso rasch wandernden, also ebenso gut leitenden Calciumionen aber verderblich.

Die Ionenkonzentration hängt, wie gesagt, von der Art des Lösungsmittels ab. So wird dasselbe Salz in Zuckerlösungen verschiedener Konzentration verschieden leiten, eine Folgerung, von der die Zuckerindustrie bisweilen zur Zuckerbestimmung Gebrauch macht.

Die Leitfähigkeit ist aber nur einer der Vorgänge, die den Stromdurchgang in Lösungen beherrschen. Wenn man darauf verzichtet, an den Elektroden Stoffe zur Abscheidung zu bringen, wenn man z. B. mit Wechselstrom arbeitet, ist es mit beliebig kleinen Spannungen möglich, Strom durch die Lösung zu bringen; und zwar bei genügend großen Elektroden kleinen Abstands beliebig viel Strom. Da nun das Produkt Strom × Spannung die Stromenergie pro Sekunde repräsentiert, folgt daraus, daß dieselbe Anzahl Ionen beliebige Energiemengen zu transportieren vermag. Die bloße Bewegung der Ionen in der Lösung ist daher für das Problem, freie elektrische Energie in chemische umzusetzen, energetisch ohne Belang. Chemisch natürlich auch, da kein Umsatz dabei erfolgt. Die Leitungserscheinungen spielen nur insofern eine Rolle, als sie die Geschwindigkeit des Energieumsatzes beeinflussen können, wenn nämlich durch zu langsame Ionenwanderung die Elektrodenumgebung an Ionen verarmt und so die Leitfähigkeit sinkt, so daß zu wenig Strom bei gleicher Spannung, also zu wenig Energie in der Zeiteinheit durch die Lösung geht und umgesetzt wird. Deshalb werden Elektrolysenbäder zur Beschleunigung gewöhnlich gerührt.

Der eigentliche Energieverbrauch liegt an den Elektroden, wo auch der chemische Umsatz erfolgt. Die Abscheidung der elektrochemischen Reaktionsprodukte — Gase, Metalle — ist es, die die Stromenergie verbraucht. Es sei die Aufgabe betrachtet, aus Salzsäure durch Elektrolyse Chlor zu gewinnen. (Praktisch elektrolysiert man Kochsalz, jedoch kommt das, wie wir sehen werden, etwa auf eins hinaus.) Es handelt sich hier offensichtlich darum, das System vom Gleichgewicht zu entfernen, denn sowohl Chlor und Wasserstoff sind gegenüber gasförmigem Chlorwasserstoff instabil, als auch dieser in Gegenwart von Wasser gegenüber wässeriger Salzsäure. Es erfordert also Arbeit, aus dieser Chlor und Wasserstoff von Atmosphärendruck zu machen. Die Arbeit, die dazu erforderlich ist, wird bei reversiblem Ablauf von dem II. Hauptsatz angegeben. Der reversible Ablauf, d. h. Ablauf über Gleichgewichte als Zwischenstufen, wird gewährleistet durch Katalysatoren, die diese Zwischengleichgewichte stets einstellen. Das sind z. B. Platinelektroden.

Die durch Gleichgewichte verlaufenden Teilvorgänge erfordern keine Arbeit; den Gesamtvorgang kann man ohne Änderung seines Arbeitsbedarfs über beliebige Stufen führen, wenn er nur reversibel bleibt. Wir denken ihn uns einmal so: Über $^n/_1$-Salzsäure steht Chlorwasserstoffgas von Sättigungsdruck, gegeben durch den Verteilungssatz. Der Übergang der Ionen in diesen ist also eine Gleichgewichtseinstellung ohne Arbeitsaufwand. Ebenso denken wir uns das Gas ohne Arbeitsaufwand umgesetzt (da im Gleichgewicht umgesetzt) in die mit ihm im Gleichgewicht stehenden Partialdrucke Wasserstoff und Chlor. Die Arbeitsleistung ist dann die, Wasserstoff und Chlor von diesem sehr geringen Druck auf Atmosphärendruck zu bringen, also zu komprimieren, wenn man jeweils ein Mol ins Auge faßt. Diese Arbeit ist, da sie isotherm ist, für beide Gase gegeben durch:

$$A = RT \left(\ln \frac{1}{p_{\mathrm{H_2}}} + \ln \frac{1}{p_{\mathrm{Cl_2}}} \right),$$

wo $p_{\mathrm{H_2}}$ oder $p_{\mathrm{Cl_2}}$ den Druck im Gleichgewicht mit dem Sättigungsdruck des Chlorwasserstoffs über der Lösung bedeutet. Nach dem Massenwirkungsgesetz ist

$$\frac{p_{\mathrm{H_2}} \cdot p_{\mathrm{Cl_2}}}{p_{\mathrm{HCl}}^2} = K'$$

oder

$$\ln p_{\mathrm{H_2}} + \ln p_{\mathrm{Cl_2}} = \ln K' + 2 \ln p_{\mathrm{HCl}} \,.$$

Nun ist p_{HCl} gegeben durch

$$\frac{p_{\mathrm{HCl}}}{\mathrm{HCl}_{\mathrm{gel}}} = a; \quad \mathrm{HCl}_{\mathrm{gel}} = K'' \cdot [\mathrm{H}^{\cdot}] [\mathrm{Cl}'] = K'' c^2; \quad p_{\mathrm{HCl}} = a K'' c^2,$$

wo c die Ionenkonzentration ist (bei völliger oder doch fast völliger Dissoziation auch die Gesamtsäurekonzentration), HCl_{gel} die (geringe) Konzentration des gelösten, undissoziierten Chlorwasserstoffs.

Somit wird

$$\ln p_{H_2} + \ln p_{Cl_2} = \ln K' + 2 \ln a K'' + 4 \ln c$$

und der Arbeitsaufwand pro Mol H_2 und Mol Cl_2:

$$A = R T \ln \frac{1}{c^2} + R T \ln \frac{1}{c^2} - R T \left(\ln K' + 2 \ln a K'' \right),$$

wo wir das letzte, bei konstanter Temperatur konstante Glied $-A_0$ nennen wollen. Führen wir noch allgemein für den Enddruck der Gase P_{H_2} bzw. P_{Cl_2} statt 1 Atm ein, so folgt:

$$A = A_0 + R T \ln \frac{P_{H_2}}{c^2} + R T \ln \frac{P_{Cl_2}}{c^2},$$

und zwar an beiden Elektroden zusammen.

Um also aus einer c-normalen Salzsäure je 1 Mol Wasserstoff und Chlor herauszuelektrolysieren, muß an den beiden Elektroden obige Arbeit zugeführt werden.

Diese Zuführung erfolgt nun als elektrische Energie, d. h. als Elektrizitätsmenge (Coulomb = Amperesekunden) $\times$ Spannung (Volt). Nun gilt für die Elektrolyse bekanntlich das *Faraday*sche Gesetz, d. h. dem Umsatz ist eine bestimmte Elektrizitätsmenge, nämlich 96 540 Coulomb für ein halbes Mol Wasserstoff bzw. Chlor, zugeordnet. Variabel nach Konzentrationen und Drucken im Sinne obiger Gleichung ist demnach nur noch die Spannung, für die wir nun, wenn wir die Konstante 96 540 Coulomb mit F bezeichnen, schreiben können:

$$E = E_0 + \frac{R T}{2 F} \cdot \ln \frac{P_{H_2}}{c^2} + \frac{R T}{2 F} \cdot \ln \frac{P_{Cl_2}}{c^2}.$$

Diese Spannung muß also zwischen beiden Elektroden liegen, damit überhaupt eine Abscheidung erfolgen kann. Da ohne Abscheidung auch kein Gleichstrom fließt, geht auch unterhalb dieser Spannung kein Gleichstrom durch die Lösung. Man bezeichnet sie mit „Zersetzungsspannung". Sie ist die Mindestbedingung für jede Elektrolyse. Sie liegt, beide Elektroden zusammengenommen, gewöhnlich in der Größenordnung ganzer Volt.

Man kann die Gleichung auch noch anders schreiben, indem man anders zusammenfaßt:

$$E = \frac{R T}{2 F} \cdot \ln \frac{\dfrac{P_{H_2}}{\alpha}}{c^2} + \frac{R T}{2 F} \cdot \ln \frac{\dfrac{P_{Cl_2}}{\beta}}{c^2}.$$

Dieser Ausdruck geht in den vorigen über, wenn $\alpha \cdot \beta = K' K''^2 a^2$ ist. Wir wollen noch umformen in

$$E = \frac{R T}{F} \ln \frac{\dfrac{1}{\sqrt{\alpha}} \sqrt{P_{H_2}}}{c} + \frac{R T}{F} \ln \frac{\dfrac{1}{\sqrt{\beta}} \sqrt{P_{Cl_2}}}{c}.$$

Auch diese Schreibart läßt eine anschauliche Deutung von großem heuristischen Wert zu. Denkt man sich nämlich die Gleichgewichte an einer anderen Stelle der Reaktionsfolge eingestellt und die isotherme Kompressionsarbeit in die Lösung verlegt, so muß das wegen der Unabhängigkeit der Arbeit vom Wege zu demselben Ausdruck führen. Wenn die katalysierende Oberfläche Gleichgewicht einstellt bezüglich der Reaktionen:

$$H_{2\,\text{Gas}} = 2\,H_{\text{adsorbiert}};\; 2\,H_{\text{adsorbiert}} = 2\,H^{\cdot}{}_{\text{adsorbiert}} + 2\,\text{Elektronen (fortgeleitet)},$$

so kommt man zu einem mit dem Gasdruck im Gleichgewicht stehenden Partialdruck der Ionen in der Elektrodenfläche, d. i. der Druck, mit dem die Elektrode, die von Wasserstoff des Druckes P umspült ist, Ionen in die Lösung schickt. Man nennt ihn die „Lösungstension" der Elektrode. Die isotherme Arbeit liegt nun in der Kompression der Ionen von ihrem osmotischen Druck in der Lösung der Konzentration c auf den Druck in der Elektrodenfläche. Drückt man diesen auch als Konzentration aus, gemäß $C = p/RT$, so kommt man wegen

$$[\text{H}^{\cdot}]^2_{\text{ads.}} = \text{C}^2_{\text{H}} = \frac{1}{\alpha} \cdot \text{P}_{\text{H}_2} \quad \text{und} \quad [\text{Cl}']^2_{\text{ads.}} = \text{C}^2_{\text{Cl}} = \frac{1}{\beta} \cdot \text{P}_{\text{Cl}_2}$$

wieder auf:
$$E = \frac{RT}{F} \ln \frac{\sqrt{1/a}\,\sqrt{P_{\text{H}_2}}}{c} + \frac{RT}{F} \ln \frac{\sqrt{1/\beta}\,\sqrt{P_{\text{Cl}_2}}}{c}.$$

Die Lösungstensionen können i. allg. Werte in der Größenordnung mehrerer Zehnerpotenzen von Atmosphären annehmen. Ob sie reelle Drucke darstellen, spielt für ihre anschauliche Bedeutung keine Rolle.

Es ist für den Stromtransport gleichgültig, ob er durch positive oder negative Ionen besorgt wird, wenn nur die Elektroneutralität der Lösung gewahrt bleibt. Deshalb gelten analoge Ausdrücke für beide Elektroden. Es ist nur zu beachten, daß das Vorzeichen einheitlich gewählt wird, nämlich positiv für zugeführte Arbeit in der vorliegenden Stromrichtung, also bei Strom von der positiven Elektrode zur Lösung.

Auch Metallen kann man eine solche Lösungstension zuschreiben, da man mit ihrem Dampfdruck operieren kann, wie wir es mit dem Wasserstoffgasdruck getan haben. Man erhält dann Arbeitszufuhr für die Abscheidung des Metalls aus dem Chlorid, solange die Lösungstension größer ist als die Konzentration der Lösung, was bei den meisten Metallen der Fall ist.

Hat man mehrere Metalle nebeneinander in Lösung, so hat jedes eine andere Lösungstension, jedes Chlorid (Sulfat usw.) eine andere Zersetzungsspannung. Ist die Zersetzungsspannung des edelsten erreicht, so übernimmt dieses den Stromtransport in die Kathode hinein allein, bis es verbraucht ist. Dann wird der Strom Null, wenn man die Spannung nicht auf die Abscheidungsspannung des nächstunedleren steigert. Davon macht bekanntlich die Elektroraffination des Kupfers Gebrauch, indem unterhalb gewisser Spannungen sich nur Kupfer, nicht aber seine unedleren Begleiter abscheiden.

Oberhalb der Zersetzungsspannung ist die angelegte Spannung nur maßgebend für die Stromstärke, also für die Geschwindigkeit der Ausscheidung. Von ihr sowie von der Zusammensetzung des Elektrolyten, auch von seiner Ionenkonzentration, hängt in wenig übersichtlicher Weise die Gestalt und Festigkeit der erhaltenen Ausscheidung ab. Hier ist ein Gebiet, wo noch die Empirie erfahrener Praktiker hauptsächlich das Wort hat.

Die Möglichkeit der elektrochemischen Durchführung chemischer Vorgänge beschränkt sich nun aber nicht auf die Abscheidung von Metallen oder Nichtmetallen und damit deren Gewinnung oder Raffination. Prinzipiell könnte auch der umgekehrte Vorgang wichtig sein, d. h. die Auflösung eines gegenüber seiner Ionenlösung stabilen, d. h. „edlen" (kleiner Lösungsdruck) Elements unter Aufwand elektrischer Energie. So kann man Metalle als Anode unter Potentialaufwand in Säuren lösen, in denen sie an sich kaum in Lösung gehen, indem man ihnen gewissermaßen die Arbeit der Wasserstoffentwicklung elektrisch abnimmt. Nach Durchgang der nötigen Elektrizitätsmenge, d. h. Auflösung der nötigen Metallionen, wird man dabei das Löslichkeitsprodukt des betreffenden Salzes überschreiten, und es wird ausfallen und bei steter Nachlieferung des Anions in den Elektrolyten hinein so in beliebiger Menge zu gewinnen sein. So löst man Blei anodisch in alkalischer Natriumcarbonat- bzw. -chromatlösung zu den betreffenden basischen Salzen, die fest zu Boden sinken — Bleiweiß und Chromgelb.

Sehr wichtig sind die Fälle, wo nicht die abgeschiedenen Produkte selbst von Bedeutung sind, sondern erst Stoffe, die sie durch sekundäre, nun freiwillig verlaufende Reaktionen an den Elektroden und in deren Umgebung liefern. Wenn diese Reaktionen, die ja freie Energie liefern, so rasch verlaufen, daß in bezug auf sie an der Elektrode Gleichgewicht herrscht, so spart man sogar noch ihre freie Energie an der insgesamt aufzuwendenden Elektrodenspannung ein.

So braucht man bei der Chlorgewinnung aus Kochsalz statt der oben betrachteten Salzsäure nicht das einige Volt betragende Potential anzulegen, das der Abscheidung von Chlor und von Natrium mit seiner hohen Lösungstension entspricht. Dieses bildet ja sofort mit dem Wasser Wasserstoff, so daß man nur dessen geringere Lösungstension zu überwinden hat und daher mit nur etwa 1,8 Volt auskommt. Man erhält so Chlor an der Anode und Wasserstoff (den man meist auffängt) an der Kathode, diesen und die wichtige Natronlauge eigentlich als Sekundärprodukte.

Läßt man aber Anoden- und Kathodenflüssigkeit miteinander gut kommunizieren, so spielen sich weitere freiwillige Sekundärvorgänge ab, zu langsam zwar, um Potentialersparnis zu ermöglichen, aber sehr wesentlich wegen der wertvollen Produkte, die sie liefern. Es ist das die Einwirkung des anodisch entwickelten Chlors auf die kathodische Natronlauge, die bekanntlich in erster Stufe nach:

$$Cl_2 + OH' = ClOH + Cl'$$

zu unterchloriger Säure und in Gegenwart vieler Natronlauge zu deren dissoziiertem Natriumsalz, dem Eau de javelle, einem wichtigen Bleichmittel, führt. Weiterhin erhält man in der Wärme, also je nach Kühlung regulierbar, nach

$$3\,ClO' = ClO_3' + 2\,Cl'$$

das Chloration, das bei Anwendung von Kaliumchlorid als ziemlich schwer-
lösliches und wertvolles Kaliumchlorat fest ausfällt.

Eine vielseitigere Anwendungsmöglichkeit der freien elektrischen Energie
in Form der Elektrodenspannung ergibt sich aber daraus, daß grundsätzlich
jedweder chemische Vorgang durch sie beeinflußt werden kann, auch wenn
es sich bei seinem gewöhnlichen Ablauf nicht um ein elektrisches Phänomen
handelt. Bedingung dafür ist nur, daß er so angeordnet werden kann, daß
Ladungsaustausch dabei statthat. Besonders wichtig ist das für Vorgänge
der Oxydation und Reduktion.

Schon unser betrachteter Schulfall der Salzsäure zeigt, indem diese an
der Kathode zu Wasserstoff „reduziert", an der Anode zu Chlor „oxydiert"
wird, daß allgemein die Kathode reduzierend, die Anode oxydierend wirken
wird. Deutlicher zeigt das die Überlegung, daß ja aus Wasser kathodisch das
Reduktionsmittel katexochen Wasserstoff, anodisch das Oxydationsmittel
Sauerstoff entwickelt wird. Die Wirkung ist in verschiedener Weise möglich.

Um zunächst die Betrachtung auf die Reduktionen zu beschränken, so
kann Reduktion an der Kathode zunächst eine einfache Ladungsänderung
sein, wie etwa bei der Reduktion von Metallionen, z. B.

$$Fe^{\cdots} + Elektron = Fe^{\cdots}.$$

Die Kathode liefert ja Elektronen in den Elektrolyten hinein. Werden diese
nicht direkt von dem zu reduzierenden Körper aufgenommen, sondern von
an der Kathode eintreffenden Wasserstoffionen (was für den Stromdurchgang gleichgültig ist), so kann auch dieser Vorgang reduzierend wirken, eben
weil Wasserstoff entsteht. So sind auch Reduktionen unter Veränderung
der stöchiometrischen Zusammensetzung möglich, wie etwa

$$C_6H_5NO_2 + 6\,H^{\cdot} + 6\,Elektronen = C_6H_5NH_2 + 2\,H_2O,$$

die Reduktion von Nitrobenzol zu Anilin. In dem Maße, wie Reduktion eintritt, unterbleibt also hier die Entwicklung gasförmigen Wasserstoffs.

Der Strom hat also in allen Fällen die Wahl, ob er durch Wasserstoffabscheidung oder durch Reduktionswirkung die Lösung verlassen will. Von
Wichtigkeit ist natürlich, welchen Weg er jeweils wählen wird, und, wenn er
beide einschlägt, in welchem Verhältnis dann Reduktion zu Gesamtstrom
stehen wird, also die Stromausbeute (reduzierte Grammäquivalente pro
Faraday).

Wir betrachten, wie bisher stets, den Fall, daß an den Elektroden Gleichgewicht herrscht, durch welches die Reaktion reversibel läuft, und die Strom-
arbeit an der Kathode nur in der Kompression der Wasserstoffionen auf die
dem gasförmigen Wasserstoff oder dem Reduktionsgemisch das Gleichgewicht
haltende Konzentration in der Elektrode besteht. Es ergibt sich ja, wie die
Gleichungen

$$Fe^{\cdots} + H = Fe^{\cdots} + H^{\cdot}$$

und:

$$C_6H_5NO_2 + 6\,H^{\cdot} + 6\,\ominus = C_6H_5NH_2 + 2\,H_2O^{1}$$

____

[1] $\ominus = Elektron$

und ähnliche für jeden Reduktionsvorgang zeigen, eine bestimmte Wasserstoffatom- und damit Wasserstoffionenkonzentration an Elektroden, an denen sich diese Vorgänge zum Gleichgewicht einstellen. Das heißt, Elektroden, die mit einem reduzierbaren Gemisch im Gleichgewicht stehen, haben eine bestimmte Lösungstension an Wasserstoffionen, verhalten sich wie Wasserstoffelektroden eines gewissen Wasserstoffdruckes. Die Frage, welchen Weg, Gasabscheidung oder Reduktion, der Strom nun wählt, hängt davon ab, was leichter ist, wozu weniger Arbeit gehört. Hat die elektrische Energie die Wasserstoffionen erst einmal auf den der Lösungstension der Ferro-Ferri-Elektrode zukommenden Druck gebracht, so wird es, da die Elektrode katalysieren soll, gar nicht mehr dazu kommen, daß die Wasserstoffionen noch weiter auf den Lösungsdruck der Wasserstoffabscheidung komprimiert werden, sondern sie werden alle über die Ferri-Ferro-Reaktion entladen. Das heißt erstens: Es ist dann nicht das Potential der Wasserstoffabscheidung für Stromdurchgang Bedingung, sondern das geringere der Ferri-Ferro-Elektrode. Zweitens: Es wird gar kein Wasserstoff abgeschieden, die Stromausbeute der Reduktion ist 100 Proz. Reaktionen, die einen noch höheren Wasserstoffionendruck erfordern als die Abscheidung des Wasserstoffgases (die also durch gasförmigen Wasserstoff von einer Atmosphäre nicht bewirkt werden können), sollten also auch elektrolytisch nicht möglich sein, wie z. B. $Cr^{\cdots} \rightarrow Cr^{\cdot\cdot}$. Ebenso sollten sich alle ausführbaren Reduktionen mit der Stromausbeute 100 Proz. vollziehen, weil bei ihnen Wasserstoffabscheidung nicht möglich ist.

Die Verhältnisse werden völlig verändert durch einen Umstand, den wir bisher nicht genügend beachtet haben: das Auftreten von Polarisation oder Überspannung. Nicht alle Reaktionen werden nämlich durch alle Elektrodenoberflächen wirklich im Maße des Stromdurchgangs katalysiert. In solchen Fällen bleibt das eine oder andere Gleichgewicht mit seiner Einstellung im Rückstand. Das kann einmal die Wasserstoffentwicklung betreffen, die an den meisten Metallen (am wenigsten an fein platiniertem Platin) erst bei einer höheren Ionenkonzentration in der Elektrode möglich wird, als dem Gleichgewicht entspricht, also bei einem höheren Potential (Klemmspannung) als dem „reversiblen Potential". (Überspannung des Wasserstoffs.) Das bewirkt, daß auch Reduktionen, die bei einem höheren negativen Potential als dieses erst verlaufen können, doch ausführbar sind, wenn man nur eine Elektrode wählt, die zwar die Reduktion, nicht aber die Wasserstoffentwicklung katalysiert. Da die Überspannung naturgemäß besonders dann auftritt, wenn die Zahl der in der Sekunde pro Quadratzentimeter Elektrode eintreffenden Ionen recht groß wird, sind solche Reduktionen besonders an glatten Elektroden bei hohen Stromdichten ausführbar. Daß ein Teil des Wasserstoffs schon bei niedrigeren Spannungen entladen und abgeschieden wird, ist für diese Nichtgleichgewichtszustände nicht ausgeschlossen, so daß die Stromausbeute hier leider hinter 100 Proz. erheblich zurückbleiben kann.

Die mangelnde Katalyse und damit die Irreversibilität, d. h. Erhöhung, des erforderlichen Potentials kann nun auch die Reduktionsreaktion

ihrerseits betreffen. Das ist der Fall etwa in unserem Beispiel der Anilin-
darstellung. Da Anilin aus Wasser keinen Wasserstoff unter Atmosphärendruck freimacht, sollte umgekehrt die Reduktion von Nitrobenzol zu Anilin
durch Wasserstoff von Atmosphärendruck, also auch durch elektrolytische
Reduktion mit der reversiblen Wasserstoffelektrode möglich sein. Beides
scheitert an der mangelnden Gleichgewichtseinstellung zwischen Wasserstoff
und Nitrobenzol (katalytisch ist übrigens die Hydrierung unter Atmosphärendruck tatsächlich möglich). Da erweist sich nun die Überspannung des Wasserstoffs auch einmal als ein günstiger Faktor: Sehr viel „zu hohe" Wasserstoff-
lösungstensionen erzwingen schließlich doch die Reduktion, wenigstens teilweise. Also an Wasserstoffelektroden mit genügender Überspannung kann
man Anilin doch mit merklicher Geschwindigkeit darstellen. Wieder bedingt
die Überspannung die Anwendung von großer Stromdichte und damit teilweise Abscheidung des Wasserstoffs, so daß die Stromausbeute wieder nicht
100 Proz. ist.

Für die meisten Reduktionen gilt das soeben Ausgeführte. Man muß also
mangels geeigneter Katalysatoren eine höhere Energie (Arbeit der Ionen-
kompression) zuführen, als das Gleichgewicht verlangen würde, um die Geschwindigkeit genügend zu steigern. Das ist das Prinzipielle, Energetische
der Sache; über welche Zwischenzustände der Mechanismus verläuft, ob wirklich, wie hier dargestellt, über Ionen $\rightarrow$ komprimierte Ionen $\rightarrow$ Atome oder
anders, das ist für die energetische Betrachtung, wie gesagt, belanglos. Die
große Wirksamkeit des Wasserstoffs „in statu nascendi" mag in den Zwischen-
zuständen beruhen — kinetisch —; größer als die des metallisch kataly-
sierten Wasserstoffs kann sie nur dann sein, wenn er unter Überspannung
entsteht, wie auch an den meisten unedlen Metallen, die wir in Säuren lösen,
um zu reduzieren (s. a. S. 98).

Ganz analog, nur mit umgekehrtem Vorzeichen von Ladungen und Po-
tentialen, liegt die Sache auch bei den Oxydationen. Hier ist Überspannung
so gut wie Bedingung, auch wo das reversible Potential ausreichen würde,
weil die elektromotorische Betätigung des Sauerstoffs überhaupt nicht
reversibel zu erreichen ist. Für die Reaktionen

$$O'' = O + 2\ \text{Elektronen}$$

und $\qquad 2\,OH' = O + H_2O + 2\ \text{Elektronen}$

gibt es keinen vollkommenen Katalysator, so daß alle elektrolytischen Oxydationen, und sie sind in der Technik zahlreich, durch hohe Stromdichten und
unvollständige Stromausbeuten gekennzeichnet sind. Sie gehen eben meist neben
einer Sauerstoffentwicklung einher. Das gilt von der Herstellung der Über-
schwefelsäure $H_2S_2O_8$, deren Hydrolyse der Technik das Wasserstoffsuper-
oxyd liefert, ebenso wie von der Permanganatdarstellung aus Manganat,
von der Perboratgewinnung („Persil") wie von organischen Oxydationen.
Man kann übrigens in vielen Fällen die Sauerstoffentwicklung hintanhalten
und so die Stromausbeute verbessern, wenn man dem Elektrolyten ein Reaktionsgemisch zusetzt, dessen Umsatz an der Elektrode gut katalysiert wird

und einem Sauerstofflösungsdruck (Hydroxylionenlösungsdruck) das Gleichgewicht hält, der unter der Überspannung der Abscheidung liegt. Die ankommenden Sauerstoffionen oxydieren dann zunächst mit guter Stromausbeute dieses Reaktionsgemisch, z. B. $Ce^{..}$ zu $Ce^{...}$, und dieses wird ständig unelektrisch wieder von der eigentlich zu oxydierenden Substanz reduziert. Solche Zusätze heißen sinngemäß Depolarisatoren. Wir werden ihre Wichtigkeit noch in anderem Zusammenhang kennenlernen (S. 114).

Von elektrolytischen Oxydations- und Reduktionsvorgängen sei besonders einer wegen seiner Wichtigkeit noch erwähnt, nämlich die Gewinnung von Alkohol und Essigsäure aus Acetylen, die große wirtschaftliche Bedeutung hat. Leitet man Acetylen in verdünnte Schwefelsäure in der Wärme ein, so verläuft in Gegenwart geeigneter katalytischer Stoffe freiwillig und unelektrisch der Vorgang der Wasseraufnahme:

$$C_2H_2 + H_2O = CH_3 \cdot CHO,$$

es entsteht also Acetaldehyd. Diesen kann man nun sowohl einer anodischen Oxydation zu Essigsäure unterwerfen, wie auch kathodischer Reduktion zu Äthylalkohol.

Bis hierher haben wir nur Vorgänge in wässeriger Lösung behandelt, in der wir mit den gelösten Ionen wegen ihrer Verdünnung wie mit idealen Gasen rechnen durften. Technisch von gleicher Bedeutung sind aber die Elektrolysen in nichtwässerigen Flüssigkeiten, vor allem in Salzschmelzen. Da die Schmelzpunkte der anorganischen Salze gewöhnlich recht hoch liegen, fällt hier dem elektrischen Strom außer der eigentlichen chemischen Arbeit auch noch die Aufgabe zu, das Schmelzgut auf der hohen Temperatur zu erhalten; daher faßt man die hierher gehörigen Vorgänge unter dem Namen „Elektrothermie" zusammen.

(Wir möchten aber hier als nicht zur Elektrochemie, sondern zur nichtchemischen Elektrotechnik gehörig, alle die elektrothermischen Verfahren ausscheiden, bei denen der elektrische Strom nur die Aufgabe hat, die für eine gewöhnliche thermische Reaktion erforderliche Wärme bzw. Temperatur zu liefern und nicht durch seine spezielle Natur wirkt. Das gilt etwa von der Stahlschmelze in elektrischen Tiegelöfen, auch von der Calciumcarbidherstellung im elektrischen Widerstandsofen, obgleich hier der Strom das Reaktionsgut selbst durchsetzt.)

Während in wässeriger Lösung, wie wir gesehen haben, die Ionen mehr oder minder solvatisiert sind, liegen sie in der Schmelze frei vor, und auch das Medium ist ein anderes, so daß sie in stärkerem Maße der Beeinflussung der viel zahlreicheren Nachbarionen ausgesetzt sind. So kommt es, daß in Schmelzen nicht nur die Lösungsdrucke und ihre Reihenfolge verändert sein können, sondern auch die Gesetzmäßigkeiten für Potential und Leitfähigkeit andere Formen annehmen, die noch nicht restlos bekannt sind. Wir werden die Dinge daher mehr qualitativ und kurz behandeln.

Der Grund, aus dem man irgendeine Elektrolyse in der Schmelze statt in wässeriger Lösung vollzieht, ist gewöhnlich der, daß das Produkt vor Sekundärreaktionen der gekennzeichneten Art mit dem Wasser geschützt werden soll. So sind es besonders die Metalle, die eine höhere Lösungstension gegen die wässerige Lösung haben als der Wasserstoff, die aus ihren Salzschmelzen hergestellt werden. **Kalium, Natrium, Magnesium** (für Beleuchtungs- bzw. Feuerwerkerzwecke und **Leichtmetallegierungen**), **Barium** (für **Lagermetalle**), **Aluminium** werden durch Schmelzelektrolyse gewonnen. Ein Teil der angelegten Spannung dient dabei dazu, die Zersetzungsspannung der Schmelze an den Elektroden zu überwinden, der Rest, der an der freien Strombahn im Elektrolyten liegt, dient, z. B. bei der Aluminiumgewinnung, dazu, als *Joule*sche Wärme die Heizung der Schmelze zu besorgen.

Wichtig ist oft die Auswahl eines geeigneten Elektrolyten. Für Aluminium ist z. B. das Rohmaterial das aus Bauxit (hoffentlich bald aus Ton) gewonnene Oxyd. Sein Schmelzpunkt liegt aber so unbrauchbar hoch, daß man ihm Fluorid in Form von Kaliumdoppelsalz, Kryolith, zusetzt. Da die Lösungstension des Fluors größer ist als die des Sauerstoffs (auch aus Wasser macht es ja Sauerstoff frei), so wird an der Anode nur Sauerstoff entladen, während das Fluorion im Elektrolyten bleibt, solange man nur neues Oxyd zusetzt. Auf diese Weise kann theoretisch mit einer Beschickung Kryolith beliebig viel Aluminiumoxyd elektrolysiert werden.

Galvanische Elemente.

In großen Zügen — es ließe sich noch viel sagen — haben wir den Kreis der Fälle betrachtet, wo die elektrochemischen Vorgänge eine Umwandlung elektrischer, also freier Energie, in chemische Energie durch Entfernung eines Systems vom chemischen Gleichgewicht ermöglichen, wobei dann energetisch hochwertige Reaktionsprodukte entstehen. Wir sagten schon, daß der umgekehrte Weg, die Gleichgewichtseinstellung unter Gewinnung der dabei frei werdenden elektrischen Energie, unter Degradation der materiellen Ausgangsstoffe natürlich, ebenfalls von technischer Wichtigkeit ist.

Seine Verwirklichung liegt in den stromerzeugenden Elementen. Der für uns elementarste Fall ist die „Gaskette", d. h. ein Element, dessen Elektroden z. B. von Wasserstoff an Platin und Chlor an Platin gebildet werden. Legen wir nicht die Zersetzungsspannung der Salzsäure an, wie wir oben taten, sondern sorgen wir umgekehrt lieber für stete Zufuhr von Wasserstoff und Chlor zu den Elektroden, so werden diese Gase sich, wie es die Thermodynamik fordert, zu gelöster Salzsäure vereinigen, und zwar, wegen Vermittlung der Katalysatoren, reversibel, also unter Leistung der maximalen Arbeit dieser Reaktion, die wir für die Spaltung oben auch aufwenden mußten. Dabei wird Strom durch die Zelle fließen, weil an der Kathode Wasserstoff positiv geladen in Lösung geht, an der Anode Chlor negativ geladen gelöst wird. Der Strom fließt also umgekehrt wie der, den wir für die Elektrolyse der Salzsäure brauchten, nämlich vom Wasserstoff zum Chlor. Da aber auch für die Auflösung das *Faraday*sche Gesetz gelten muß und die freie Energie

der Reaktion immer die gleiche ist, so folgt: Die Elektroden haben in diesem
Falle eine Spannung gegeneinander, die genau entgegengesetzt gleich
der Zersetzungsspannung ist und daher auch nach denselben Gesetzen kon-
zentrationsabhängig ist. Die Lösungstensionen der Gase leisten uns also
jetzt elektrische Arbeit unter Verbrauch der Gase, sobald wir der Zelle Strom
entnehmen.

Praktisch arbeitet man mit anderen Elementen. Wir sahen schon, daß
die verschiedenen Metalle ihre Ionen mit verschiedener Lösungstension in
Lösung schicken. Sie haben demnach verschiedene Potentialunterschiede
gegen gleichkonzentrierte Lösungen ihrer Ionen. So hat Kupfer gegen eine
c-normale Kupferlösung das Potential:

$$\frac{RT}{2F} \cdot \ln \frac{C_{Cu}}{c}$$

und Zink, in eine c-normale Zinklösung getaucht, das Potential:

$\dfrac{RT}{2F} \cdot \ln \dfrac{C_{Zn}}{c}$; die C bedeuten hier die Lösungstensionen im Konzentrationsmaß

(s. S. 107). Verbindet man jetzt beide Lösungen leitend, etwa durch eine
Tonzelle, so daß sie gleiches Potential annehmen, so werden beide Metalle
gegeneinander eine Potentialdifferenz haben von

$$\frac{RT}{2F} \cdot \ln \frac{C_{Cu}}{C_{Zn}}.$$

Was geschieht nun, wenn man die Metalle, etwa durch einen Draht, miteinander verbindet? Es wird Strom fließen und damit Arbeit (Strommenge
$\times$ Potentialdifferenz, s. o.) geleistet werden. Das chemische Energieäquivalent
dieser Arbeit besteht darin, daß die größere Lösungstension, die des Zinks,
die kleinere des Kupfers überwindet, d. h. pro entnommene 96 540 Coulomb
geht ein Äquivalent Zink in Lösung, und ein Äquivalent Kupfer wird abgeschieden. Dieser chemische Vorgang, der eine Gleichgewichtseinstellung
bedeutet (er geht freiwillig vor sich; Zink scheidet auch direkt aus Kupfer-
sulfatlösung Kupfer ab), liefert hier seine freie Energie als elektrische ab.
Das ist das *Daniell*-Element.

Wählt man statt Kupfer und Kupfersulfat Wasserstoffelektrode und Säure,
so überwindet die Lösungstension des Zinks die des Wasserstoffs (Zink entwickelt mit Säuren immer Wasserstoff, nur hier örtlich getrennt am Platin),
und man hat das *Bunsen*element.

Wählt man statt Platin für die Wasserstoffelektrode Kohle, so kommen
wir zum *Grove*-Element. Hier ist schon etwas Wichtiges zu beachten, die
Polarisation. Machte mangelnde Katalyse die erforderlichen Potentiale für
die Abscheidung höher, so wirkt sie hier umgekehrt: Die Lösungstension des
abzuscheidenden Wasserstoffs wird größer als normal und kann schließlich
nicht mehr überwunden werden, das Potential fällt und kann Null werden,
d. h. der chemische Vorgang, der ja nun irreversibel (nicht durchs Gleichgewicht) abläuft, liefert nur noch einen Bruchteil der freien Energie, die er

maximal (maximale Arbeit) liefern könnte. Man braucht also einen Depolarisator, der die überschüssig aufgehäuften Wasserstoffionen wegnimmt, indem er selbst reduziert wird. Sein Reduktionsprozeß mit der ihm entsprechenden Lösungstension beherrscht dann die Potentialdifferenz des Elements. Diese Rolle spielt an der Kohleelektrode die Salpetersäure, oder, besonders in den Trockenbatterien der Taschenlampen usw. (*Leclanché*-Element) der Braunstein.

Eine prinzipiell von den betrachteten wenig verschiedene Art von Elementen sind die „Sekundärelemente" oder Akkumulatoren, die weniger als Energiequellen durch die Zusammenstellung aus reaktionsfähigen Stoffen, als vielmehr als Energiesammler dienen sollen, da sie durch hineingesandte Stromenergie immer regenerierbar sind, um diese Energie wieder herauszugeben. Denken wir uns durch gewaltsame Stromumkehr das Kupfer wieder gelöst und das Zink wieder abgeschieden, so könnte man das *Daniell*-Element beliebig oft benutzen. Da aber die Umkehrung nur mit großer Überspannung möglich ist, so müßte man sehr viel mehr Energie hineinstecken als man wieder herausbekommt, und deshalb benutzt man für diesen Speicherzweck nur möglichst reversible Systeme, wie z. B. das System des Bleiakkumulators: $PbO_2 + Pb$, dessen freiwilliger Übergang in $2\,PbO$ (eigentlich $PbSO_4$) letzten Endes den stromliefernden Vorgang bildet und bei der Wiederladung des Akkumulators umgedreht verläuft. Wegen seines großen Gewichts pro speicherbarer Kilowattstunde erfährt der Bleiakkumulator neuerdings für gewisse Zwecke eine fühlbare Konkurrenz durch den *Edison*-Akkumulator, obgleich dieser weit weniger reversibel arbeitet, nämlich nur etwa die Hälfte der hineingesteckten Energie wieder herausgibt. Sein stromliefernder Vorgang ist:

$$Fe + 2\,(OH)' = Fe(OH)_2$$
$$2\,Ni(OH)_3 = 2\,Ni(OH)_2 + 2\,(OH)'.$$

Die besprochenen Möglichkeiten, die maximale Arbeit einer Reaktion nutzbar zu machen, sind bekanntlich nicht unsere Hauptlieferanten freier Energie, obgleich sie die ökonomischsten wären. Unser Hauptlieferant ist immer noch die chemische Energie der Kohle, die wir durch den sehr irreversibeln Vorgang der Verbrennung und Dampfmaschine in Arbeit umsetzen. Höchstens 25 Proz. der reversibel zu gewinnenden maximalen Arbeit der Reaktion

$$C + O_2 = CO_2$$

gewinnen wir dabei, während uns jedes galvanische Element fast 100 Proz. seiner maximalen Arbeit liefert. Leider bestehen aber unsere Kohlenlager aus Kohle und nicht aus Kupfer und Zink!

Wir sind ja imstande, thermodynamisch auszurechnen, welche freie Energie wir denn maximal bei reversiblem Betrieb aus der Kohle herauswirtschaften könnten.

Für die Reaktion

$$C + O_2 = CO_2$$

gilt (vgl. Kap. IV), da die feste Kohle herausfällt, die Gleichgewichtskonstante

$$K = \frac{P_{O_2}}{P_{CO_2}}.$$

Für diese Konstante wenden wir die *Nernst*sche Näherungsformel an:

$$\log K = \frac{-Q}{RT} + \sum n\, 1{,}75 \log T + \sum i'.$$

$\sum n$, die Differenz der Molzahlen vor und nach dem Umsatz, ist hier für den Gasraum Null, und wir erhalten:

$$\log K = \frac{-Q}{RT} + \sum i'.$$

Die Arbeit bei reversiblem Umsatz ist nun (s. S. 74):

$$A = RT\left(\ln \frac{P_{O_2}}{P_{CO_2}} - \ln K\right).$$

Rechnen wir für die Verbrennung in einer Atmosphäre Sauerstoff zu einer Atmosphäre Kohlensäure (andere Drucke ändern, wie leicht zu sehen, wenig), so wird der erste Logarithmus Null, und wir erhalten:

$$A = -RT \ln K = Q - RT \sum i'.$$

$RT\sum i'$ wird, da $\sum i'$ hier nur 0,4 beträgt, zumal bei niederen Temperaturen wenig ausmachen, und so kommen wir zu dem wichtigen Resultat, daß bei reversibler Verbrennung, zumal bei niederer Temperatur (noch bei 1300°) fast die ganze Verbrennungswärme der Kohle nutzbare Arbeit leisten könnte. [Das ist keineswegs bei allen Gleichgewichten so, sondern liegt hier an dem Fortfall des Gliedes $\sum n\, 1{,}75 \log T$, also der Gleichheit der Molzahlen, ferner an der annähernden Gleichheit der chemischen Konstanten (bei Anwendung genauerer Formeln auch der spezifischen Wärmen) sowie dem hohen Wert der Wärmetönung.]

Es ergibt sich, daß unsere Umsetzung der Verbrennungswärme erst in Wärme, die ihrerseits wieder unter der Beschränkung des II. Hauptsatzes mit viel ungünstigerem Nutzeffekt in Arbeit der Kraftmaschinen verwandelt wird, ungeheuer unrationell arbeitet, da theoretisch etwa das Vierfache bei reversiblem Betrieb herauszuholen wäre.

Da, wie wir gesehen haben, das galvanische Element in sehr vielen Fällen eine solche reversible Anordnung ist, so hat es natürlich auch nicht an Versuchen gefehlt, die Reaktion

$$C + O_2 = CO_2$$

elektromotorisch nutzbar zu machen und so ihre gesamte freie Energie zu gewinnen. Das ergäbe, wie sich durch Umrechnung in elektrisches Maß und Division durch 4[1] Faraday ergibt, ein Element, das auf Kosten der verschwindenden Kohleelektrode unter CO_2-Entwicklung eine Spannung von etwa 1 Volt hätte.

In dieser „Brennstoffkette" müßte als Anodenvorgang der uns schon bekannte:

---

[1] Wegen der Vierwertigkeit des Kohlenstoffs, der immer vier Ladungen pro Mol in Lösung schickt.

$$O_2 + 4 \text{ Elektronen} = 2\,O''$$

bzw.

$$O_2 + 4 \text{ Elektronen} + 2\,H_2O = 4\,(OH)'$$

ablaufen, als Kathodenvorgang aber:

$$C + 4 \text{ pos. Ladungen} = C^{\cdot\,\cdot\,\cdot\,\cdot}$$
$$C^{\cdot\,\cdot\,\cdot\,\cdot} + 4\,(OH)' = CO_2 + 2\,H_2O,$$

also in Summa $C + O_2 = CO_2$. (In alkalischer Lösung würde natürlich statt CO_2 Carbonation entstehen.)

Wir sahen nun schon, daß der Anodenvorgang sehr schwer zu wirklich reversiblem Ablauf zu bringen ist und daher meist einen Depolarisator erfordert. In noch viel höherem Maße gilt das von dem primären Kathodenvorgang, der Bildung des Kohlenstoffkations. Wir haben keine Methode, um Kohleelektroden in dem Tempo einer brauchbaren Stromstärke kathodisch zu lösen, und sind auch hier auf mehr oder weniger unvollkommen wirkende Depolarisatoren angewiesen. So kommt es, daß diese Ketten nicht in ein wirtschaftlich brauchbares Stadium getreten sind. Sie scheitern entweder an der unvermeidlichen Irreversibilität (ungenügende Energienutzung), oder an dem hohen Preis der katalytischen Elektroden (Platin an der Anode) und der Depolarisatoren. Etwas günstiger scheinen die Verhältnisse zu liegen für die Nutzung wenigstens eines Teils der Verbrennungswärme der Kohle, nämlich für die Kette mit dem Grundvorgang

$$2\,CO + O_2 = 2\,CO_2.$$

Hier und bei

$$2\,H_2 + O_2 = 2\,H_2O,$$

wo es sich in beiden Fällen um die leichtere Einstellung eines Gasgleichgewichts handelt und man überdies im Wassergas ein billiges Ausgangsmaterial hat, ist es möglich, daß Brennstoffketten in der Energiewirtschaft einmal eine Rolle spielen werden. Das wäre dann jedenfalls ein Fall, wo vollkommen eigenstrebige Wissenschaft schließlich infolge eines biologischen Bedürfnisses (Brennstoffknappheit) einen recht gewaltigen technischen Nutzen stiften könnte.

Elektrochemie der Gase.

Ein ganz anderes Gesicht als die bisher besprochene Elektrochemie der Lösungen und auch die der Schmelzflüsse zeigt nun die Elektrochemie der Gase. Der Unterschied ist einmal einer der Erkenntnis. Während man die Elektrochemie der Lösungen im wesentlichen als ein abgeschlossenes Gebiet betrachten darf, auf dem die Wissenschaft nur noch Ausbau treibt und die Technik meist wohldurchgearbeitete Dinge übernimmt, ist dies auf dem anderen Gebiet eher umgekehrt, insofern es viel jünger ist. Hervorgegangen aus dem Bedürfnis, einige bekannte Reaktionen rationell zu gestalten, ist sie noch auf dem Wege von der Empirie zur exakten Wissenschaft, wissenschaftlich sind erst einige Grundsätze und Anfänge vorhanden, trotz sehr intensiver und neuerdings auch erfolgreicher Forschungsarbeit.

Der zweite Unterschied ist ein solcher der Erscheinungen. In Lösungen hatten wir im wesentlichen mit Gleichgewichten und deren Einstellung zu tun, etwas gestört durch Verzögerungs-(Polarisations-)erscheinungen und katalysiert durch die festen Oberflächen der Elektroden. Diese Beschränkung der Energieumsetzung auf die Elektrodenvorgänge kommt daher, daß, wie wir sahen, die Träger des Stroms, die Ionen, in der Lösung fertig vorgebildet vorliegen. Ganz anders aber bei dem Stromdurchgang in Gasen. Hier ist es erst die Aufgabe des Stromes selbst, die Träger, die Gasionen, zu bilden, da die Gase für gewöhnlich, im Gleichgewicht, wegen der hohen (im Vergleich zu Salzen) Ionisierungsarbeit der Gasmolekeln kaum Ionen enthalten. Ist doch hier Ionisierung gleichbedeutend mit der Hebung eines Molekelelektrons über alle *Bohr*schen Bahnen hinweg ins Unendliche (vgl. Kap. I), wozu erheblich mehr Arbeit erforderlich ist als zur Trennung zweier Ionenladungen im Salz, die sich doch auf größere Entfernung gegenüberstehen; dazu kommt noch als ausschlaggebend, daß hier die „dissoziierende Kraft" des Lösungsmittels, die wir S. 103 näher erörtert haben, wegfällt. Der Strom hat sich also unter erheblichem Energieaufwand die Ionen erst selbst zu schaffen. Von der Energie, die er dazu aufwendet, kommt nun nur ein geringer Teil der chemischen Reaktion zugute, da die Ionen im allgemeinen durchaus nicht alle reagieren, sondern zum guten Teil ungenutzt auf die Elektroden aufprallen, wobei sie die unterwegs aus dem elektrischen Felde entnommene Energie samt ihrer Ionisierungsenergie nutzlos in Wärme umwandeln. Die elektrochemischen Gasreaktionen sind daher im allgemeinen gekennzeichnet durch eine recht schlechte Nutzung der aufgewandten freien Energie.

Praktische Bedeutung haben daher solche Reaktionen nur dann, wenn sie zur Erzeugung so extrem instabiler Körper benutzbar sind, daß andere Methoden so gut wie versagen.

Das ist in zwei Fällen in der heutigen Technik der Fall. Der eine ist die Stickoxydbildung, die uns ja schon öfter beschäftigt hat. Wir haben in Kap. IV diese Reaktion im Flammbogen so behandelt, als ob die hohe Temperatur dieses Bogens die erreichte hohe Gleichgewichtskonzentration des Stickoxyds erzeugt. Das ist auch sicher für die technische Anordnung zum größeren Teil richtig. Jedoch kann man auch auf so hohe Konzentrationen kommen, daß die Temperatur des Bogens zu ihrer Bildung sicher nicht ausreicht, sondern ein elektrisches Phänomen mitspielen muß. Dafür spricht schon, daß für die Ausbeute nicht, wie die reine Thermodynamik das vorschreibt, das Massenwirkungsgesetz die Konzentrationsfunktion beschreibt. Ja, besondere Untersuchungen haben gezeigt, daß man auch in absichtlich hergestellten „kalten Bögen", sowie auch im sicher kalten Ozonisator (s. u.) Stickoxyd erheblicher Konzentration erhält bei Temperaturen, die thermodynamisch noch keine Spur des Produkts erwarten lassen. Damit ist die zum Teil elektrische Natur der Bildung erwiesen.

Wie hat man sich nun deren Mechanismus vorzustellen? Man ist da auf Vermutungen angewiesen, über deren verhältnismäßig sichere Erschließung aus einer Reihe von Tatsachen wir schweigen wollen, die aber als Prototyp derartiger Reaktionen von Interesse sind. Zunächst stoßen die in der Entladungszone stets, wenn Strom fließt, vorhandenen Elektronen, Sauerstoff- und Stickstoffionen häufig auf Stickstoffmolekeln und heben in diesen durch Übertragung ihrer Bewegungsenergie ein Elektron auf eine höhere Bahn und bilden so eine „aktivierte" Stickstoffmolekel N_2', oder werfen das Elektron ganz hinaus und bilden ein Stickstoffmolekelion N_2^+. Alle derartigen Vorgänge erfordern eine gegen die Wärmetönung gehalten sehr hohe Energie, ähnlich wie die thermische Aktivierung eine zu hohe Energie erfordert (S. 91), jedoch in noch höherem Maße. Weiter reagieren von diesen aktiven Molekeln bei weitem nicht alle, sondern in den meisten fällt, bevor sie auf Sauerstoff treffen, das Elektron wieder auf die Normalbahn zurück. Das bedingt weitere Energieverluste. Dazu kommt noch die Möglichkeit, daß der Strom durch einen ähnlichen Mechanismus auf schon gebildetes Stickoxyd wieder zerstörend wirkt, also das Gegenteil von dem tut, was er soll. So kommt es, daß die Energie des Stroms zwar sehr schlecht genutzt wird, aber immer noch besser, als wenn sie restlos in Wärme überginge und nur so wirken könnte, als wenn sie nur Wärmeenergie wäre. So wirkt sie eben zum Teil doch durch ihren Charakter als freie Energie, indem die Erzeugung der angeregten Zustände nur durch die Wärmebewegung bei allen erreichbaren Temperaturen zu wenig häufig ist.

Ganz analog liegen die Umstände bei der Bildung von Ozon, das ja als gegenüber Sauerstoff endotherme Verbindung neben diesem nur bei allerhöchsten Temperaturen in kleiner Konzentration beständig wäre. Man kann es aber leicht in der Wechselstromentladung eines Ozonisators, d. h. zwischen zwei nahe aneinanderstehenden Elektroden, in Konzentrationen von etwa 10 Proz. erhalten, wieder, weil die Elektrizitätsträger der Entladung durch Stoß aktive Sauerstoffmolekeln bilden, die dann mit Sauerstoff Ozon bilden. Auch hier ist eine zerstörende Wirkung überlagert, denn man kommt auf „stationäre" Konzentrationen je nach der „Energiedichte". Interessant ist hier für den Vergleich mit der Elektrochemie der Lösungen, daß auch Elektrolytsauerstoff mit sehr hoher Überspannung, also großem Gehalt an hineingesteckter elektrischer Energie, Ozon enthält.

Eine Reihe von anderen elektrochemischen Verfahren an Gasen sind noch in Vorschlag gebracht worden, jedoch wegen der hohen Kosten sind solche Verfahren nur dann rentabel, wenn sie zu energetisch und daher wirtschaftlich sehr wertvollen Produkten führen.

Daß eine Umkehrung des Verfahrens, eine Energiegewinnung aus elektrochemisch geleiteten Gasreaktionen, nicht in Frage kommt, erhellt wohl ohne weiteres aus dem irreversibeln Charakter, d. h. dem Mißverhältnis zwischen maximaler und wirklicher Arbeit bei diesen Vorgängen.

Kapitel VII.

Photochemie.

Unter der Bezeichnung Photochemie faßt man, wie schon im vorigen Kapitel gesagt, diejenigen Umwandlungen zwischen chemischer und freier Energie zusammen, bei denen die freie Energie in Form von Strahlung auftritt. Auch hier sind zwei entgegengesetzte Fälle möglich, einmal derjenige der Ausnutzung freier Strahlungsenergie zur Gewinnung bestimmter chemischer Körper, und zweitens die Benutzung chemischer Umsetzungen zur Erzeugung von Licht. Dieser letztere Zweck spielt zwar eine große Rolle in Form all unserer auf Verbrennung beruhenden Lichtquellen, wie Kerzen, Gaslicht, Blitzlicht usw. Jedoch zählt man diese Vorgänge nicht streng zu den photochemischen, weil es sich bei der dabei auftretenden Strahlung um sog. Temperaturleuchten handelt. Feste Körper im Innern der Flamme werden auf eine hohe, thermodynamisch berechenbare Temperatur gebracht (Ruß, Magnesiumoxyd) und strahlen ein eben dieser Temperatur charakteristisches Leuchten aus. Der Photochemie im engeren Sinne gehören aber nur die sog. „kalten Strahler" an, die ein Leuchten aussenden, dessen Energie direkt aus der chemischen Energie ohne den Umweg über die hohe Temperatur entsteht. Es handelt sich hier um die Vorgänge der Chemilumineszenz, deren bekanntestes Beispiel das Leuchten langsam verbrennenden Phosphors ist.

Da der Begriff des Temperaturstrahlers und des kalten Strahlers für das Auftreten überhaupt von freier Energie als Strahlung den Schlüssel bildet, sei andeutungsweise darauf eingegangen.

Wir sahen in Kapitel I, daß Strahlung von Atomen und Molekeln, also Materie, nur in einzelnen „Quanten" der Energiegröße

$$h \cdot \nu$$

aufgenommen und abgegeben werden kann, und ferner, daß einer solchen Aufnahme (bzw. Abgabe) immer ein Übergang aus einem stationären Zustand A_2 in den anderen A_1 entspricht, gemäß einer gewissermaßen chemischen Gleichung

$$A_1 = A_2 + h \cdot \nu$$

Zu dieser Gleichung gehört nun auch ein chemisches Gleichgewicht zwischen den einzelnen stationären Zuständen, d. h. in einer Substanz sind bei bestimmter Temperatur sämtliche Quantenzustände vertreten, nur die energiereichen, d. h. thermochemisch die endothermen, bei gewöhnlicher Temperatur meist selten.

Auch dieses Gleichgewicht wird ein dynamisches, aus Hin- und Herreaktion bestehendes sein. Denken wir uns also unsere Substanz in einem allseits spiegelnden Hohlraum bei konstanter Temperatur eingeschlossen, so wird in diesem fortwährend ein Wechselspiel von Ausstrahlung und Absorption der den Übergängen entsprechenden Quanten stattfinden. Daher stellt sich in einem solchen Hohlraum eine bestimmte Strahlungsdichte ein, die im Gleichgewicht konstant ist. Ihre Größe, also die Zahl der jeweils unterwegs befindlichen Quanten, hängt dabei nur von den entgegengesetzt gleichen Reaktionsgeschwindigkeiten ab, die aber hier begreiflicherweise nicht nur durch die Konzentrationen, sondern noch durch die Strahlungsdichte selbst bedingt sind.

Wählen wir nun als Substanz nicht eine solche, die nur bestimmte Quantenzustände besitzt und daher nur Licht ausgewählter Frequenzen absorbieren und ausstrahlen kann, sondern eine, in der Quantenzustände jedes beliebigen Energieunterschieds vorgebildet sind, so gilt unsere Überlegung für sämtliche Frequenzen des Lichts. Eine solche „Substanz" ist der sog. „absolut schwarze Körper", der am besten durch einen allseitig geschlossenen Hohlraum verifiziert werden kann. Auf diesem Wege können wir uns nun vorstellen, daß auch Quanten verschiedener Größe ineinander übergehen können, so daß im thermodynamischen Gleichgewicht nicht nur eine bestimmte Verteilung der stationären Zustände bezüglich ihrer Häufigkeit sich einstellt, sondern auch eine solche der Quanten bzw. Frequenzen. Das bedeutet, daß sich bei jeder Temperatur ein schwarzer Körper oder ein Hohlraum mit einer Strahlung im Gleichgewicht befinden wird, in der die Intensität (Energie, also Zahl der Quanten $\times$ deren Größe) für jede Frequenz oder Farbe genau festliegt. Die Verteilung der Intensitäten auf die Frequenzen läßt sich bei quantitativer Durchführung unserer Betrachtung genau errechnen in Form der *Planck*schen Strahlungsformel. Es ergibt sich eine Kurve (Fig. 32), die mit der Temperatur zu höheren Intensitäten rückt, und die bei konstanter Temperatur ein steiles Maximum bei einer Frequenz hat, die wieder mit steigender Temperatur zu größeren Frequenzen — blauerer Strahlung — rückt. Bei allen uns erreichbaren Temperaturen liegt dieses Maximum im Ultraroten, und die sichtbare Strahlung ist vergleichsweise gering. Erst bei hohen Temperaturen wird sie so stark, daß das Auge sie bemerkt; man nennt das „Glühen".

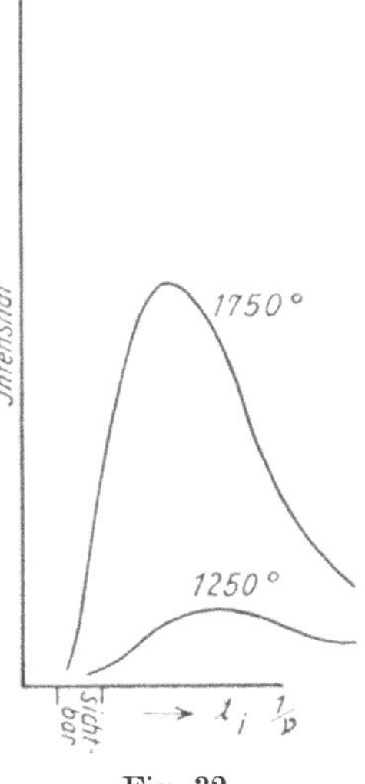

Fig. 32.

Die wahren Körper unterscheiden sich von dem „schwarzen" dadurch, daß sie in allen oder einigen Spektralgebieten weniger Energie ausstrahlen. Das, was ein Körper von hoher Temperatur mehr ausstrahlt als ein ihm gegenübergestellter kälterer schwarzer, liefert zu einem Teil die maximale Arbeit, die aus der ihm zugeführten Heizenergie bei der gegebenen Tempe-

raturdifferenz thermodynamisch zu gewinnen ist, während der Rest vom kalten
Körper absorbiert wird und ihn nur erwärmt (S. 23).

Da, wie wir sahen, die Hauptstrahlung nicht im sichtbaren Licht erfolgt,
ist einleuchtend, daß die Benutzung der Temperatur als Lichtquelle, wie
wir sie treiben, extrem unwirtschaftlich ist. Es handelt sich auch hier
darum, daß es für die Gewinnung freier Energie nicht vorteilhaft ist, zunächst
Wärme zu machen und diese unter ungünstigem Nutzeffekt (hier wegen der
spektralen Verteilung noch ungünstiger als schon wegen der Irreversibilität
der nichtschwarzen Strahler) umzuwandeln. Und das tun wir in allen unseren
Beleuchtungsvorrichtungen. Wir vergeuden die als freie vorliegende
elektrische Energie, indem wir sie in Wärme eines Metallfadens überführen,
von der wir nur einen ganz geringen Bruchteil als sichtbares Licht gewinnen.
Auch die Gasbeleuchtung ist nicht günstiger. Wenn auch der Auerstrumpf
in seiner Zusammensetzung wenigstens so eingerichtet ist, daß er in seiner
Strahlung im sichtbaren Gebiet dem reversibeln schwarzen Körper nahekommt
(Selektivstrahler), so ist doch dies Gebiet so eng, daß die überwiegende
Hauptmenge der freien Energie der Leuchtgasverbrennung für den Endzweck
verlorengeht.

Wir täten besser daran, diese freie Energie in einem Brennstoffelement
(s. S. 116) restlos als Elektrizität zu gewinnen und dann, statt sie in einer
Glühlampe zu degradieren, einen „kalten Strahler" damit zu speisen.
Darunter soll ein Strahler verstanden sein, der, ohne erwärmt werden zu müssen, direkt die zugeführte Energie als nur sichtbares Licht aussendet. Man
kann sich z. B. ein Atom oder Molekel denken, die in einer Entladung angeregt
werden und dann eine charakteristische Spektrallinie im sichtbaren Gebiet
und sonst nichts aussenden. Ganz entfernt angenähert ist die Quecksilber-
dampflampe ein solcher Strahler. Aber da auch sie ziemlich heiß sein muß
und da ferner, wie wir sahen, die elektrische Anregung von Gasen nicht mit
dem wünschenswerten Nutzeffekt erfolgt, so ist auch sie keine Lösung, sondern immer noch recht unrationell. Eine andere Lösung wäre die Umgehung
auch der elektrischen Zwischenstufe und direkte Überführung der chemischen
in strahlende Energie. Eine solche Lichtquelle lernten wir bereits in den
Leuchtfarben kennen (S. 17), in denen Zinksulfid, durch die Zerfalls-
energie einer radioaktiven Substanz angeregt, diese Energie wieder ausstrahlt.

Andere Fälle sind eine ganze Reihe von Leuchterscheinungen, die eine
chemische Reaktion begleiten (Chemoluminescenz), insbesondere an festen
Oberflächen, wie das Leuchten des Phosphors, die Leuchterscheinungen bei
der Oxydation gewisser Siliciumverbindungen. Ihnen allen liegt das Prinzip
zugrunde, daß die bei der Reaktion frei werdende Energie direkt dazu dient,
eine anwesende Molekel (sie muß nicht Reaktionsteilnehmer sein, s. Zinksulfid) in einen angeregten Zustand zu versetzen, worauf sie beim Zurückfallen des Elektrons in die Normal- oder eine andere tiefere Bahn die erhaltene
Energie als Licht ausstrahlt. Vorrichtungen dieser Art, die für die Beleuch-
tungstechnik brauchbar wären, sind indessen wegen sekundärer Energieverluste noch nicht bekannt.

Das gleiche theoretisch-prinzipielle und erheblich höheres technisches Interesse haben die den besprochenen entgegengesetzten Vorgänge, die photochemischen im engeren Sinne. Bei diesen wird ein absorbiertes Lichtquant dazu verwandt, eine Molekel auf einen höheren Quantenzustand zu heben, und die Molekel dadurch in den Stand gesetzt, Reaktionen einzugehen. Sind dies freiwillig verlaufende Reaktionen, so wirkt das Licht einfach geschwindigkeitserhöhend, indem es eine höhere Konzentration aktiver Molekeln schafft als der Wärmeinhalt bei der betreffenden Temperatur der Substanz. Sind es aber Reaktionen, die eine Entfernung vom Gleichgewicht bedeuten, so leistet das Licht offenbar Arbeit gegen die freie Energie der chemischen Umsetzung, die Affinität (s. S. 101). Natürlich ist dazu nicht eine Strahlung imstande, die mit der Temperatur der Substanz im Sinne obiger Betrachtung im Gleichgewicht steht, denn eine solche könnte dem System keinen Zuwachs freier Energie bringen. Vorbedingung der photochemischen Wirkung ist also, daß die wirksame Strahlung intensiver ist als die „schwarze" Strahlung eines Hohlraums gleicher Temperatur im gleichen Spektralbezirk. Das ist nun bei den meisten künstlichen und natürlichen Lichtquellen ihrer hohen Temperatur wegen ohne weiteres erfüllt, denn wir sahen ja, daß die Hohlraumstrahlung erst bei Glühtemperaturen merkliche Intensitäten im Sichtbaren und erst recht im Ultravioletten erhält. Dies sind aber die im wesentlichen photochemisch wirksamen Farben, da Quanten ihrer Größe für Elektronensprünge erforderlich sind, während rote und ultrarote Quanten nur die Energie zu einer Veränderung des Rotations- oder Schwingungszustandes der Molekeln aufbringen.

Eine weitere Bedingung ist die, daß nur das Licht wirken kann, das von der Substanz absorbiert wird. Das ist energetisch klar, weil nur solches, nicht aber durchgelassenes oder reflektiertes Licht Energie ins System bringt. Es ist weiter mechanistisch klar, weil ja, wie wir sahen (S. 23) die Absorption mit der Elektronenhebung identisch ist.

Das technologisch wichtigste photochemische System ist die photographische Platte. Das in ihr enthaltene Bromsilber sieht gelb aus, d. h. es reflektiert (und läßt durch) gelbe und rote Strahlen, und absorbiert dafür den Rest des sichtbaren Spektrums, also Grün, Blau, Violett und übrigens auch Ultraviolett. Diese Strahlen sind denn auch wirksam, und zwar wurde festgestellt, daß jedes Quantum absorbierbaren Lichts, das absorbiert wird, gerade ein Silberatom in Freiheit setzt. Dieses Gesetz ist für viele Lichtreaktionen gültig, ist aber keineswegs eine Selbstverständlichkeit, da in vielen Fällen nicht alle Quanten für den chemischen Zweck beitragen, oder aber umgekehrt bei exothermen Vorgängen ein Quant eine ganze Kette von Einzelreaktionen auslösen kann, da sich diese ja selber weitere Energie liefern (Chlorknallgas). Bei der Bromsilberplatte aber ist dieses sog. *Einstein*sche Äquivalentgesetz (ein Analogon des *Faraday*schen) in Kraft.

Um aber aus einem Silberatom pro Quant ein sichtbares Bild zu erhalten, müßte man ungeheure Lichtintensitäten absorbieren. Hier greift der Vorgang der Entwicklung ein. Der Entwickler reduziert das vom Licht verschonte (überwiegende!) Bromsilber zu Silber. Nun wirken die primär photochemisch abgeschiedenen Silberatome als Koagulationskeime, an denen sich das gesamte chemisch sekundär reduzierte Silber ansetzt (S. 29). Dessen Menge genügt nun, um ein sichtbares Bild zu erzeugen. Infolge der Keimwirkung entsteht dies nur dort, wo Licht eingewirkt hat.

Man kann sich eine Vorstellung bilden, wie die primäre Abscheidung der Silberatome vor sich geht. Im festen Bromsilber haben wir (s. S. 50) isolierte Silberionen und Bromionen anzunehmen. Ein absorbiertes Quant verwandelt sich nun in potentielle Energie eines Außenelektrons — Valenzelektrons — in der Achterschale (s. S. 19) des Bromions. Das Elektron geht dabei diskontinuierlich in eine energiereichere Bahn über. Entweder ist das nun gleich eine Bahn, die ein benachbartes Silberion zum Zentrum hat — dann wird aus diesem ein Silberatom und aus dem Bromion ein Bromatom, und der Elektronenaustausch, d. h. die Bildung eines freien Silberatoms ist fertig. Oder aber es entsteht zunächst ein noch energiereicheres Bromion, das dann erst in zweiter, sog. Dunkelreaktion sein Elektron ans Silber abgibt. Der Endeffekt ist derselbe.

Es ist bekannt, daß die gewöhnliche Platte auf gelbe bis rote Farbtöne nicht oder sehr wenig anspricht. Das kann nun einfach daran liegen, daß sie diese Lichtarten nicht absorbiert. Dann müßte man bestrebt sein, ein rotabsorbierendes Bromsilber herzustellen. Das ist möglich durch Zusatz eines rotabsorbierenden Farbstoffs. Dieser absorbiert dann rote Quanten, und infolge seiner engen Adsorptionsbindung an das Bromsilber vermag er diesem das Quant zu übermitteln. Es entsteht nach dieser Auffassung zunächst eine angeregte Farbstoffmolekel, deren Energie dann auf das AgBr-Gitter übergeht und dort den Elektronensprung bewirkt (Sensibilisierung oder photochemische Katalyse).

Es scheint aber, als ob diese Deutung des Sensibilisierungs-(Empfindlichmachungs-)vorgangs, die bei photochemischen Gasreaktionen durchweg gilt, gerade bei der Trockenplatte nicht restlos ausreicht, jedoch ist hierüber noch nicht allzuviel Abschließendes bekannt.

Einer praktischen Anwendung einer photochemischen Reaktion sei noch kurz gedacht, nämlich der Rasenbleiche. Verunreinigungen der Gewebefaser, die dunkel gefärbt sind, absorbieren (was dasselbe bedeutet) sichtbares Licht. Dadurch werden sie unter Umständen fähig, gewisse neue Reaktionen einzugehen, z. B. mit Sauerstoff ungefärbte Oxydationsprodukte zu bilden, im günstigsten Fall Kohlendioxyd und Wasser. Lichtquelle ist dabei das Sonnenlicht. Es ist jedoch wahrscheinlich, daß dabei der aktivierte Teil nicht die Verunreinigung ist, sondern vielmehr, von ihr sensibilisiert, der Sauerstoff der Luft selbst. Dafür spricht der günstige Einfluß des pflanzlichen Rasens, der bei Tage Sauerstoff ausatmet, ferner der des Nebels, der vielleicht Hydroperoxydbildung aus aktiviertem Sauerstoff und Wasser erleichtert. Andere nehmen auch Ozon als aktive Stufe an, jedoch ist tatsächlich über den genauen Mechanismus nichts bekannt.

Technologisch wichtiger ist ein Bleichvorgang, der nicht erwünscht ist und dessen Kenntnis daher zu seiner Verhinderung sehr wichtig wäre: das Ausbleichen der Farbstoffe am Licht, das in derselben Weise zu deuten ist wie das erwünschte Ausbleichen der Verunreinigungen. Eine genaue Kenntnis des Mechanismus dieser Vorgänge, die uns leider fehlt, würde erlauben, vorherzusagen, welche konstitutiven Eigenschaften (vgl. S. 25) ein Farbstoff besitzen muß, um „echt" zu sein. In einem Falle ist etwas Derartiges gelungen. Wenn man nämlich den färbenden Bestandteil als Komponente in einen schwer angreifbaren Mischkrystall einbauen kann, so wird er dadurch verhindert, durch die von ihm absorbierte Lichtenergie Reaktionen mit anderen anwesenden Stoffen einzugehen, d. h. auszubleichen. Gewisse lichtechte Anstrichfarben scheinen sich so herstellen zu lassen. Im ganzen ist aber in der Echtheitsfrage die Empirie, freilich die feinere Empirie des experimentellen Chemikers, noch nicht von exakterer Erforschung abgelöst.

Zu präparativen Zwecken, also zur Erzeugung wertvoller Stoffe mit Hilfe der freien Energie der Strahlung, sind photochemische Vorgänge in der Technik, ganz ungleich den elektrochemischen, nicht benutzbar und nicht benutzt worden, eben weil wir, wie gesagt, nicht über einigermaßen rationelle künstliche Lichtquellen verfügen, das Sonnenlicht aber zu wenig regulierbar ist.

Sachregister.

Chemische Technologie
in Einzeldarstellungen

Begründer:	Herausgeber:
Prof. Dr. Ferd. Fischer	**Prof. Dr. Arthur Binz**

Bisher erschienen folgende Bände:

Allgemeine chemische Technologie:

Kolloidchemie. Von Prof. Dr. Dr.-Ing. h. c. Richard Zsigmondy. Fünfte Auflage. I. Allgemeiner Teil. Mit 7 Tafeln und 34 Figuren im Text. Geh. RM 11.—, geb. RM 13.50. II: Spezieller Teil. Mit 1 Tafel und 16 Figuren im Text. Geh. RM 14.—, geb. RM 16.—.

Sicherheitseinrichtungen in chemischen Betrieben. Von Geh. Reg.-Rat Prof. Dr.-Ing. Konrad Hartmann, Berlin. Mit 254 Abbildungen. Geb. RM 17.—.

Zerkleinerungsvorrichtungen und Mahlanlagen. Von Ing. Carl Naske, Berlin. Vierte Auflage. Mit 471 Abbildungen. Geh. RM 33.—, geb. RM 36.—.

Mischen, Rühren, Kneten. Von Prof. Dr.-Ing. H. Fischer, Hannover. Zweite Auflage. Durchgesehen von Prof. Dr.-Ing. Alwin Nachtweh, Hannover. Mit 125 Figuren im Text. Geh. RM 5.—, geb. RM 7.—.

Sulfurieren, Alkalischmelze der Sulfosäuren, Esterifizieren. Von Geh. Reg.-Rat Prof. Dr. Wichelhaus, Berlin. Mit 32 Abbildungen und 1 Tafel. Vergriffen.

Verdampfen und Verkochen. Mit besonderer Berücksichtigung der Zuckerfabrikation. Von Ing. W. Greiner, Braunschweig. Zweite Auflage. Mit 28 Figuren im Text. Geh. RM 6.—, geb. RM 8.—.

Filtern und Pressen zum Trennen von Flüssigkeiten und festen Stoffen. Von Ingenieur F. A. Bühler. Zweite Auflage. Bearbeitet von Prof. Dr. Ernst Jänecke. Mit 339 Figuren im Text. Geh. RM 7.—, geb. RM 9.—.

Die Materialbewegung in chemisch-technischen Betrieben. Von Dipl.-Ing. C. Michenfelder. Mit 261 Abbildungen. Geb. RM 15.—.

Heizungs- und Lüftungsanlagen in Fabriken. Mit besonderer Berücksichtigung der Abwärmeverwertung bei Wärmekraftmaschinen. Von Obering. V. Hüttig, Professor an der Technischen Hochschule Dresden. Zweite, erweiterte Auflage. Mit 157 Figuren und 22 Zahlentafeln im Text und auf 6 Tafelbeilagen. Geh. RM 20.—, geb. RM 23.—.

Reduktion und Hydrierung organischer Verbindungen. Von Dr. Rudolf Bauer (†), München. Zum Druck fertiggestellt von Prof. Dr. H. Wieland, München. Mit 4 Abbildungen. Geb. RM 18.—.

Messung großer Gasmengen. Von Ob.-Ing. L. Litinsky, Leipzig. Mit 138 Abbildungen, 37 Rechenbeispielen, 8 Tabellen im Text und auf 1 Tafel, sowie 13 Schaubildern und Rechentafeln. Geh. RM 16.—, geb. RM 18.—.

Chemische Technologie

in Einzeldarstellungen

Begründer:	Herausgeber:
Prof. Dr. Ferd. Fischer	**Prof. Dr. Arthur Binz**

Bisher erschienen folgende Bände:

Spezielle chemische Technologie:

Kraftgas. Theorie und Praxis der Vergasung fester Brennstoffe. Von Prof. Dr. Ferd. Fischer. Zweite Auflage. Neu bearbeitet und ergänzt von Reg.-Rat Dr.-Ing. J. Gwosdz. Mit 245 Figuren im Text. Geh. RM 12.—, geb. RM 15.—.

Das Acetylen, seine Eigenschaften, seine Herstellung und Verwendung. Von Prof. Dr. J. H. Vogel, Berlin. Zweite Aufl. Mit 180 Abb. Geh. RM 14.—, geb. RM 18.—.

Die Schwelteere, ihre Gewinnung und Verarbeitung. Von Dr. W. Scheithauer, Generaldirektor. Mit 70 Abb. Zweite Aufl. Geh. RM 12.—, geb. RM 14.—.

Die Schwefelfarbstoffe, ihre Herstellung und Verwendung. Von Dr. Otto Lange, München. Zweite Auflage. Mit 26 Abb. Geh. RM 25.—, geb. RM 28.—.

Zink und Cadmium und ihre Gewinnung aus Erzen und Nebenprodukten. Von R. G. Max Liebig, Hüttendirekt. a. D. Mit 205 Abb. Geh. RM 26.—, geb. RM 30.—.

Das Wasser, seine Gewinnung, Verwendung und Beseitigung. Von Prof. Dr. Ferd. Fischer, Göttingen-Homburg. Mit 112 Abbildungen. Geb. RM 16.—.

Chemische Technologie des Leuchtgases. Von Dipl.-Ing. Dr. Karl Th. Volkmann. Mit 83 Abbildungen. Geb. RM 8.—.

Die Industrie der Ammoniak- und Cyanverbindungen. Von Dr. F. Muhlert, Göttingen. Mit 54 Abbildungen. Geb. RM 14.—.

Die physikalischen und chemischen Grundlagen des Eisenhüttenwesens. Von Prof. Walther Mathesius, Berlin. Zweite Auflage. Mit 39 Abbildungen und 118 Diagrammen. Geh. RM 27.—, geb. RM 30.—.

Die Mineralfarben und die durch Mineralstoffe erzeugten Färbungen. Von Prof. Dr. Friedr. Rose, Straßburg. Geb. RM 20.—.

Die neueren synthetischen Verfahren der Fettindustrie. Von Professor Dr. J. Klimont, Wien. Zweite Auflage. Mit 43 Abbildungen. Geh. RM 5.50, geb. RM 7.50.

Chemische Technologie der Legierungen. Von Dr. P. Reinglaß. Die Legierungen mit Ausnahme der Eisen-Kohlenstofflegierungen. Zweite Aufl. Mit zahlr. Tabellen u. 212 Figuren im Text u. auf 24 Tafeln. Geh. RM 36.—, geb. RM 40.—.

Der technisch-synthetische Campher. Von Prof. Dr. J. M. Klimont, Wien. Mit 4 Abbildungen. Geh. RM 5.—, geb. RM 7.—.

Die Luftstickstoffindustrie. Mit besonderer Berücksichtigung der Gewinnung von Ammoniak und Salpetersäure. Von Dr.-Ing. Bruno Waeser. Mit 72 Figuren im Text und auf 1 Tafel. Geh. RM 16.—, geb. RM 20.—.

Chemische Technologie des Steinkohlenteers. Mit Berücksichtigung der Koksbereitung. Von Dr. R. Weißgerber, Duisburg. Geh. RM 5.20, geb. RM 7.30.

Margarine. Von Dr. Hans Franzen. Mit 32 Figuren im Text und auf einer Tafel. Geh. RM 10.—, geb. RM 12.—.

Chemische Technologie der Leichtmetalle und ihrer Legierungen. Von Dr. Friedr. Regelsberger. Mit 15 Abbildungen. Geh. RM 26.—, geb. RM 29.—.

Chemische Technologie der Nahrungs- und Genußmittel. Von Dr. Rob. Strohecker. Mit 86 Figuren im Text. Geh. RM 22.—, geb. RM 26.—.